How Thinking Like a Geologist
Can Help Save the World

U0030411

Timefulness

地質學家的
記時錄

MARCIA BJORNERUD 瑪希婭‧貝約內魯 ——著

林佩蓉 ——譯

從山脈、大氣的悠遠演變，
思索氣候變遷與地球的未來

推薦序

涵養以古鑑今的地質思維

—— 中正大學地球與環境科學系主任　李元希

　　《地質學家的記時錄》是我讀過作者的第二本地質科普書籍，此書中探討的時間尺度從四十五億年前的地球，到因人類活動所造成的環境變遷議題，書中不僅介紹了地質科學的研究成果，她用易懂的文字，清楚的邏輯論述與極佳的比喻，說明了背後的科學原理，這對學生或一般讀者而言，更能理解推論的依據所在。即使我從事地質研究工作超過三十年，讀她的書依然收穫甚多且興味盎然。

　　此書的重點之一是地質作用的時間紀錄，書中第二章介紹地質學家如何決定地質作用的時間，我自己早期的研究藉由岩石的變形特性，理解台灣造山帶形成的過程與機制，卻缺乏地質作用時間做為控制因子，為了知道地質作用發生的時間，後來也建立了地質定年實驗室（鋯石的鈾鉛定年與核飛跡定

年），因此讀這一章時備感親切，作者將地質定年方法的基本
原理與發展，做了清晰的介紹，對於地質科學或對地質定年有
興趣的人，這是一個極佳的基本觀念的介紹。

　　台灣是一個極為活躍的造山帶，地震頻繁，山脈的抬升與
剝蝕的速率在世界上的排名是前段班，但此造山作用從新生代
開始，為一年輕的造山帶，因此對許多本地的地質研究者而
言，研究的時間尺度大多限於新生代或稍微延長至中生代以來
的歷史，對於相對古老的地球演化歷史則涉獵較少，由於作者
的研究始於古老的前寒武紀地質，對古老的地球演化有深入的
理解，因此本書可以讓許多人（包括我）一窺發生於古老地球
的種種地質事件，而這些過去的地質事件常伴隨環境的劇烈變
遷，並對生物造成巨大的災難，對於自然災害愈加頻繁的今
日，提供了歷史的借鏡。

　　地質學家的工作之一是由岩石或礦物中讀出地球的演化歷
史，多數人不會想到，岩石也可以讀出大氣的演化歷史，像
我們日常生活中常用到的鐵，百分之六十是產於二十四億到
十八億年前，在全球大氣組成的巨變事件中沉澱在海洋中形成
的帶狀鐵礦層，在第四章中，作者生動地描述地質學家如何由
岩石的地球化學特性，認知到地球大氣的演化歷史，並討論與
生物滅絕事件的關聯。

　　最後作者將眼光聚焦於環境快速變遷的近代，從冰期的形成機制、碳循環、氣候暖化等科學認知來探討人類活動與生存的相關議題，其論述內容讓我們得以重新檢視人類對地球環境改變所帶來的巨大衝擊，並思考未來應如何因應的課題。

　　會說好的故事是一種天賦，但要說一個引人入勝的地球演化的故事並以古鑑今，不僅需要說故事的天賦，更需要地質科學嚴謹的邏輯訓練與熱情。此書讓我們進行一場高速的地球時空旅行，可以看到從古到今地球的演化、生物的滅絕、大氣的演化與環境的變遷，對於地質和全球環境變遷有興趣的讀者，提供一個宏觀的視野，能以更開闊的心胸來看待現在的事物。我衷心推薦這本書，也希望透過這本書會有更多人了解地質，並學會地質學家的思考邏輯，並進而想了解台灣地質的演化過程與環境的變遷。

推薦序

岩石的記憶，
將帶領我們找到環境變遷的解答

——臺灣大學地質系教授　陳文山

　　「時間」似乎只是一種記憶或一種錯覺，卻又深刻烙印在臉上。四十五億年的地球歷史一樣刻印在岩石中，但是這些紀錄就像人的記憶，越久遠的記憶越是模糊的（越古老的地球歷史經歷越多次地質變動事件的破壞，遺留的痕跡越是模糊不清）。地質學家利用定年方法，測定各種岩石年齡就像一部回到過去的時光機，雖然無法讓我們回去面對過去真實的世界，但讓我們有貼近真實的想像。

　　作者貝約內魯地質學教授用清晰委婉的文辭闡述數百年來人類對時間的概念，從十八世紀對創世紀時間（十七世紀愛爾蘭大主教詹姆斯・烏雪提出創世時間公元前四〇〇四年十月二十三日星期天）的辯證開始，到二十世紀初同位素定年法發現後，於一九五六年美國地質學家帕特森利用鈾鉛定年法確定

地球年齡為四十五‧七億年時，才解出自赫頓時代以來，眾地質學家與物理家長久尋覓不得的終極答案。

貝約內魯教授以她自學生開始的親身經歷，述說地質學家如何利用化石、岩層、冰層、沉積物來研究地球歷史事件的線索，其中最重要的就是形成的時間，有了時間才能夠述說化石、岩層……存在的意義。時間是無形的，但是它可以讓我們從石頭的記憶裡擷取地球歷史的訊息。我們在野外採集到的菊石化石，看起來不過是放在書桌角落的一塊完美石頭而已。然而，當我們知道它是從一億年前的沉積岩層中挖掘出來時，就可以賦予我們無限想像的空間（菊石與滄龍共同漫游在中生代的熱帶淺海海洋中），同時也賦予了化石生命。

貝約內魯教授也關懷著人類造成環境變遷的問題，深切呼籲我們必須有科學素養與理念來面對現代氣候變遷的議題。其中一個關鍵，就是「人類造成的環境變動速率，超過了許多地質與生物作用所造成的變動速率」；這也是為何地質學家要在地球歷史的地質年代表中，特別標示「人類世」的目的。她也引證五億多年以來，從化石紀錄中可以清楚發現，曾經發生五次生物大滅絕是因為某些地球變動的速率，超過了生物適應環境變遷的速率。人類活動作用的速率已經遠超過先前一些地球作用的速率（科技的發展速度，遠超過人類智慧成熟的

速度），如二氧化碳排放至大氣中的速率。她（大部分科學家）認為「我們現今已埋下促使環境偏離常軌的禍根，而且其偏離程度將大於歷來所見，也比歷來更不可預測。關於人類世的一大諷刺是，我們對地球施加了大到不成比例的影響，但事實上，反而讓大自然堅定地重拾掌控權，並且準備好一套尚未發布，只能容我們猜測的規章。」

本書文辭生動，對於地球科學觀點敘述清晰深入，內容引述三百年來的許多科學史料，非常引人入勝；尤其對於地球環境的關懷。《地質學家的記時錄》是一本對於地球環境變遷有著精湛且深入淺出的論述，是非常值得一讀再讀的書。

推薦序

如何像地質學家一樣思考？

——清華大學生命科學系助理教授　黃貞祥

　　在心理上，時間這個客觀的尺度，卻是很主觀的存在。愛因斯坦在他的一則短篇實驗報告中如此比喻：「一個男人與美女對坐一小時，會覺得似乎只過了一分鐘；但如果讓他坐在熱火爐上一分鐘，會覺得似乎過了不只一小時，這就是相對論。」

　　學術界的潛規則就是要不斷地發表研究論文和募集研究經費，許多科學研究於是要求實驗和分析在有限的時間內完成，有時讓人難以再想像長時間尺度的變化。然而，對地質學家來說，他們又不斷地要面對時間尺度動輒數百萬甚至數十億年的地質資料，而數十萬年在地層中就只是薄薄一層而已。

　　人類一生頂多只有百年而已，所以我們難以想像這麼長的時間尺度，常常要借助各種比喻來理解。雖然地質學教科書老

愛用如果地球的歷史為一天，人類是最後一瞬間才出現來說明地球有多老，但是《地質學家的記時錄》作者瑪希婭‧貝約內魯卻指出，如此讓我們無法認識到人類對地球的影響有多巨大，並且在心理上對地球產生疏離感。我也認為，在消費主義當道的社會，我們面對人類史上消費品最日新月異、推陳出新的時代，更加忙碌地賺錢來滋養資本主義到和大自然解離，毫無餘力關心地球滄桑的歷史和未來的災變。

這十年來，世界局勢詭譎多變，除了恐怖主義、中東局勢、中美貿易戰，又有新型冠狀病毒疫情和股市多次熔斷來攪局。然而，當我們體認到地球這麼長時間尺度的變動，還有地質與大氣的動盪是跨國跨洲的，這些國際大事件就只像是大象被蚊子叮了一口而已。當然不是說這些事件不重要，而是我們人類是否該訴求更多的合作而非爭鬥？

比起物理學、化學和生物學，地質學相較之下似乎是門小眾的學科。原本在大學時偏好人文學科的貝約內魯，認識到地質學的魅力後，就跳入這個學科的火坑中，念博士班時到挪威位於北極圈的斯瓦爾巴群島（Svalbard）進行艱辛的田野研究。在書中，對地質學死心塌地的她，提供我們大量地質科學的知識，有幾章她不吝寫出大量的專業知識，讓我們認識到地質學知識大廈是如何在優秀的地質學家手中打造出來。儘管變

動緩慢得超過我們一生可以見識到，但是偉大的頭腦還是讓我們認識到大自然了不起的作用，如何塑造出地球千奇百怪的地貌景觀。

地層記錄了地球的歷史，有字天書就已難解了，況且是無字的，還好利用物理學、化學和生物學的知識，地質學家能夠在沒有時光機的情況下，透過岩石把地球的過往一點一滴地拼湊起來。也因為只能在無法進行實驗室研究的情況下，利用各種間接證據來推論地層的變動以及發生的時間，地質學對門外漢來說看似充滿多種學科的艱澀術語和概念，但這種挑戰也是地質學的魅力之一，只是要用心才能體會。

貝約內魯主張，岩石是動詞而非名詞，因為岩石見證了地球長久的變化。岩石和冰芯甚至也記錄大氣的成分變動以及遠古的氣候。地球氣候多次大起大落，讓生命多次遭逢毀滅性的大災難。現代智人的繁衍興盛，要拜氣候轉趨穩定所賜，而今我們卻大規模地造成氣候變遷的快速不穩定，讓人類文明的未來堪慮。過去地質學的漸變論取代了災變論而造就了典範轉移，可是人類改變地球的速度之快，卻迎合了災變論。

地質學系一直都不算熱門，要不是地質學家對礦脈和石油的探勘極為關鍵，恐怕會更加冷門，這是很可惜的！貝約內魯也感嘆，為了取得更多的經費，有些地球化學家和古生物學家

只好包裝成太空生物學家，我們對外星的好奇甚至多過好好地認識我們這個地球。面對整個地球，或者至少是廣袤大地，以及深達幾百幾千公尺的地底，還有深邃的時間，地質學家該有更宏觀的視野。達爾文搭上小獵犬號環遊世界時，就是帶上了萊爾（Sir Charles Lyell，1797~1875）的《地質學原理》（*Principles of Geology*），啟發了他提出天擇學說。

　　大自然在不同的時間尺度上發生了許多事情，現在有許多環境問題的根源就是因為對地球不夠了解，而地質學家的思維能夠幫助我們擴大視野，培養時間素養，為地球的未來做出更長遠的規劃，成為地球生命社群更好的公民！

　　貝約內魯多處也不忘對美國的教育和政治有不少針砭。她除了感嘆創世論者的反智，也對美國政客的科學素養有強力的批評。地球上的變動，如地震、火山爆發、氣候變遷、土壤劣化、地層下陷等等，都影響了我們未來對資源分配的能力，也會一再成為政治議題，可是地質學卻甚少受到該有的重視。

　　我們現在所享用的所有自然資源是過去四十幾億年內慢慢打造出來的，我們在短短近百年的一生也會為未來子孫打造他們能享用的自然資源，是否能夠像地質學家那樣思考，修復我們與自然世界的疏離關係，攸關整個人類的生死存亡！《地質學家的記時錄》是這個短視近利時代的當頭棒喝！

推薦序

地質系不是只有看看石頭而已——
拯救世界也有可能輪到我們！

——科普作家、《震識：那些你想知道的震事》副總編輯

潘昌志（阿樹老師）

「可不可以幫我鑑定這個鑽石？」「哪邊可以挖到恐龍化石？」「可以告訴我什麼時候會地震嗎？」這不是一句話惹怒地質人系列，而是地質人看到同溫層外的現實。不管走到哪，地質這個冷門領域，被誤解的總是比被理解的多。

不過，這點小誤會我們一點也不在意，因為地質學的訓練，讓我們把眼光看得更遠，心胸開得更廣。或許，這和本書前段強調的「時間」尺度有關，由於板塊運動作用，臺灣島從海底隆起並形成中央山脈的這件事，大約從四百萬年開始發生，但這四百萬年歷史，在地球上卻還只能算年輕的，因為在澳洲海岸還有遍地可見超過三十億年以上的疊層石，它們在地球上的年紀，才能說得上「老」。而至於人類，對地球而言，不僅是最晚才出現、還是最吵鬧又最不乖的那個小嬰

兒。說人類不乖，指的正是我們對地球環境的作為，而研究地球歷史，正是要知道人類跟其他物種相比「哪裡不乖了」。

像前段用舉例、類比並強調時間尺度關係的方式來「講古」，也是地質學家的強項，因為地質學本身就是從枯燥乏味又看起來樸實無華的石頭中，尋找裡頭的歷史本文。本書的作者，也是位說故事界的佼佼者，無論是演說或是撰文，不只引經據典，也擅用流行文化來為事物作出最貼切的譬喻。讓人同時認識地球歷史，也了解了地質學家如何研究地球。

所以，當看到作者於第一章末提到，因為第二章「太專業」所以對地球化學沒有興趣的人可以跳過，我覺得千萬母湯（不可）啊！這段解祕地球年齡的科學史，可以說是科學史哲的最佳教材。包括受到熱力學與宗教所困的克耳文勳爵、受到地質紀錄的漫長與不連續所啟發的達爾文，都難以解祕地球全史，直到地質學家霍姆斯應用了放射性元素衰變，我們才真正能精確測量岩石的年齡。而本書中各種關於科學發展的故事，每一則都有它的深意，也再再看出了作者的博學多聞，當成一本小說讀也很適當。

「等等，但就實務面來說，我還是不知道念地質有什麼好的……」確實，我也可以告訴你，除了挖石油之外，念地質系少有發大財的機會。可是，挖石油對地質學家而言，也十分諷

刺，因為最終的結果是，遠古的固碳作用所儲存下來的碳，用史無前例的方式，轉變成了今日大氣中以異常的速度增加的二氧化碳，而全球氣候的劇變，就是我們自己得收拾的爛攤子！

　　如果孩子不懂事，那就得教他們。那麼，誰來教教人類？其實有呢！極端的氣候正在告訴我們，地球的個性一點都不容易捉摸，要從地層中好好解讀「過去」的教訓，而地質學正是幫助人類理解過去的導師。我們要做的，是好好的理解這本「地球歷史書」，看不懂石頭版本的書？那不如就從這本入門吧！

推薦序

捍衛地球，像地質學家一樣思考

——EarthWed成長社群、中山大學附中地科老師　謝隆欽

> 「時間的無涯的荒野裡，沒有早一步，
> 　　也沒有晚一步，剛巧趕上了。」
> ——張愛玲，《傾城之戀》，一九四三

　　文學作家眼中感性雋永的時間荒野，在地質學家眼中則是聚珍億萬的沃野良田。

　　文學素養讓人識字溝通，吟詠創作；地質素養則讓人鑑古識今，領略山川起落的滄海桑田，芥納須彌的微言大義。當我們遇到疑難問題的時候，原來可以在過去的地球紀錄中發現歷史的教訓與智慧。

　　本書作者瑪希婭・貝約內魯是一位優雅的地質學家，在這本暢談地質時間的書中列舉了地質學上眾多經典生動的實例，深入淺出地引領大家「以地質學家的思維來看待時間」。翻閱書中那些地質科學發展迄今的諸多里程碑，恰可療癒開學迄今忙亂煩悶的緊繃心靈……

　　每當在晨光中，陪伴同學們從捷運站走進學校的時候，看

著同學們揹著沉甸甸的書包，常會思忖著自己的教學可以為同學們做點什麼？除了消極地不用更多的作業和考試侵蝕同學們該當沉思的時間，更應積極地培育同學們見多識廣的博學眼界，以及洞察變遷的寬闊格局。

　　這幾年來的地球科學課堂上，我在分享完課本上的「地質年代表」後，會以我的求學經驗及年少輕狂為示例，指導同學們也彷照地質學家的智慧，繪製一張自己的「人生年代表」。從出生那年開始，至少以一百二十歲為度；愈久遠的事件先呈現在紙張下方（學前、國小、國中……），隨著時光的遞嬗，未來的理想或目標，漸次由下而上，日積月累（高中、大學、證照、留學、環遊世界、登陸火星……），以畢業、成家、達標……等階段性的人生大事為界，並改寫地質學家「古生代」、「侏儸紀」、「全新世」等術語，標記出「學測代」、「社長紀」、「耍廢世」等里程碑，揮灑一張屬於自己的狂想藍圖。

　　地科作業是一時的，地科課堂上的活學活用則是一輩子的。我會提醒同學交了這張人生年代表後，日後逢考完學測選填校系時、當大三考量要報考研究所還是先就業時、當迷茫社畜想換工作時、當連假期間鬆口氣時……隨時都可以再回顧初衷，重畫一張。

　　如果為師有足夠的學能和智慧，引領同學們「用地質學家的思維來看待時間」，就能送給十餘年後的社會，一個有遠見的世代。

　　這本書的作者，在這本書中想做的事，和我一樣，謹此推薦。

目 次

謝辭　　　　　　　　　　　　　　　　　　　　005

序　言　無時勝有時的誘人世界　　　　　　　　007

對於周遭的景觀和一塊塊岩石，我也彷彿可以綜觀其過往與未來；沉浸在
其蘊含的故事中，我看見往事依然在目，覺得這些往事甚至有一天能夠以
美麗的面貌再現眼前。從此種感觸可以窺見的，不是時間「不復存在」，
而是時間「無所不在」，也就是深刻意識到，世界是如何由時間造就而
成。

第1章　綜觀時間的重要性　　　　　　　　　　015

理解了某個特定景觀之所以形成特定樣貌的緣由，就像是知悉了某個普通
詞語的語源，剎那間有種徹悟之感。一扇窗戶於焉開啟，照亮了久遠但仍
可辨識出的過往——好比記起了遺忘已久的事物。這扇窗戶的開啟，賦予
了世界多重的意涵，也改變了我們對人類在世上所處地位的認知方式。

系統中，都有一個堪為模範的健全經濟體。套用李奧帕德的名言，我們必須開始「像山一樣思考」，洞察這座古老複雜、不斷演進的星球，了解其所有習性及棲息其中的萬物生靈。

謝辭

在此感謝眾多人士在本書編撰期間給予的協助，包括我的同仁David McGlynn、Jerald Podair；普林斯頓大學出版社編輯Eric Henney、Leslie Grundfest及助理Arthur Werneck、Stephanie Rojas；編審Barbara Liguori；為本書繪製精美插圖的Haley Hagerman。同時也要感謝我的家人——我的父母Gloria與Jim；我的兒子Olav、Finn、Karl；以及男友Paul，我很幸運能與他共度在地球上的時光。

序言

無時勝有時的誘人世界

時間是超自然的異象，無人可否認。

——赫爾多爾·拉克斯內斯（Halldór Laxness），
《冰河之下》（*Under the Glacier*），一九六八年

　　對成長於寒冷之地的孩子來說，生活中少有體驗能像放雪假般，引發如此單純的喜悅。一般假期所帶來的欣喜，可能在數週的期待後逐漸退去。放雪假就不同了，總給人滿滿意料之外的驚喜。在一九七〇年代威斯康辛州的鄉下，學校停課是在地方調幅（AM）電台公告。我們會把收音機音量開得超大，顫抖著滿懷希望，聆聽全國各公立和教區學校的名字，以慢到令人惱怒的速度，照著英文字母排序唸出來。最後，我們學校的名字終於入列。在那一瞬間，任何事似乎都可能發生。時間觀念暫拋腦後；成人世界令人窒息的行程神奇喊停，向大自然更崇高的權威俯首稱臣。

　　於是這日多出了大把時間供我們揮霍。前往雪白靜默的世界探險是首要的行程。屋子四周的林木變換成新的樣貌，平時

熟悉的物品膨脹成肥滿滑稽的模樣，總是讓我們嘖嘖稱奇。樹樁與大塊圓石裝上了厚厚的墊子；郵箱戴著一頂誇張的高帽。想到最後得回到溫暖舒適的屋裡，我們就更發喜愛這些英勇的勘查任務。

　　我還記得八年級的時候有天放雪假，那時的我還介於小孩與大人之間的尷尬年紀。雪假前的夜裡下了近三十公分厚的雪，隨後而至的是狂風和刺骨的寒冷。到了早上，世界全然靜止，變得光亮眩目。當時，我的兒時玩伴已是十來歲的青少年，比起看雪，對睡覺更有興趣。但我卻無法停止想望那已經改頭換面的世界。我裹著羽絨和羊毛衣踏出門外。吸入的冷空氣刺痛我的胸口。樹木以奇特的姿態嘎吱作響，發出呻吟，暗示氣候之冷冽。我蹣跚走下山坡，往我家下方的溪流走去，在一根樹枝上發現一抹鮮紅：是一隻公紅雀蜷縮在冰冷的陽光下。我走近這棵樹，訝異於這隻鳥似乎沒聽到我發出的聲響。我繼續往前靠近，這才意識到，紅雀有如自然歷史博物館裡裝著玻璃眼珠的標本般，以栩栩如生的姿態凍結在樹枝上。此景使我憎惡又感到神奇，彷彿林中的時間已停止流逝，我因而能夠看清通常只是模糊閃現的事物。

　　那天下午回到屋裡，為了好好享受天上掉下來的自由時光，我從架上使勁舉起家中那本巨大的世界地圖集，然後連人

帶書趴在地上看了起來。我一向愛讀地圖；好的地圖就像錯綜複雜的文字，能夠揭示隱藏其中的歷史。這一天，我恰巧翻到地圖集上一張跨頁圖表，上面標示著全球各時區的界線——就是那種在上方有一排時鐘的表，能夠同時顯示芝加哥、開羅、曼谷的相對時間。地圖上標示時區的粉彩色塊大多是長條狀，其他少數則是些界線較精細複雜的區塊，比如中國（全部都在一個時區），以及一些特例，包括紐芬蘭、尼泊爾、澳洲中部等，這些地區和格林威治標準時間有非整數的時差。另外還有一些地方——南極洲、外蒙古、北極的斯瓦爾巴群島（Svalbard）——標記為灰色，根據地圖圖例，是表示「無官方時區」。竟然有地方可以不受時間度量的束縛——沒有分鐘或小時的存在，全然免於時間表的荼毒，這種概念令我心馳神迷。到底時間就像樹梢那隻紅雀凍結了？或只是隨著更狂放的自然節奏兀自流淌，不受計量、無拘無束？

　　數年後，不知是巧合或緣分，我為了攻讀地質學博士學位，赴斯瓦爾巴群島進行田野調查。我發現就某些層面來說，斯瓦爾巴群島的確是跳脫時間觀念，或不屬於時間國度的地方。冰河時期的影響依然可見。不同時期的人類歷史遺跡——十七世紀捕鯨人提取鯨脂後丟棄的鯨魚骨、凱薩琳大帝統治時期遺留下來的俄國獵人墳墓、納粹時代德國空軍轟炸機破碎

的機身──散落在大片荒蕪遼闊的苔原上，彷彿是場策劃欠佳的展覽。後來得知，斯瓦爾巴群島之所以被劃為「無官方時區」，其實只是因為俄羅斯與挪威為了此地究竟應該遵守莫斯科或奧斯陸時間，長期以來爭辯不休。儘管如此，在那久遠前的雪假，暫時擺脫日常事務，算是個小大人卻還舒服窩在父母家的我，窺見了一種可能。也就是在世界的某些角落，時間依然是無名無狀──甚至還可能任人自由穿梭古今。我隱約有種預感，眼前的一切終將變遷消逝，也因此冀望那完美的一天能成為我永久的心靈居所，也許我將從此處向外探索世界，但歸來時總能見到一切如常。這便是我和時間複雜糾葛的開端。

　　我第一次去斯瓦爾巴群島是在一九八四年的夏天。當時我以新科研究生的身分，搭著挪威極地研究所（Norwegian Polar Institute）的研究船前往該島考察，不過途中飽受暈船之苦。我們的田野考察工作通常要到七月初才能開始，因為這時海上的冰層已大致破開，可供船舶安全行駛。離開挪威本土，經過三天漫長的航行後，我們終於抵達斯匹次卑爾根島（Spitsbergen）西南方的海岸。這裡是阿帕拉契山－加里東（Appalachian- Caledonian）造山帶的最北端，我日後攻讀博士學位時，主要就是研究當地山脈地殼結構的演變。雖然在船上暈得七葷八素，但我其實暗喜那天浪頭過高，無法用橡皮艇接

駁我們這一小組人到陸地，因為這表示，我們有幸可以搭乘速度遠遠較快，又不會濺得一身溼的直升機。在船身顛簸搖晃之際，我們從上層的甲板搭上直升機。所有的裝備和食物都垂吊在機身下方的網子內，就像掛著一袋洋蔥，在高漲的海浪上擺盪不定。在靠近陸地時，我記得自己往地面搜索可以當成比例尺的物體，但只看見大小難以判明的大塊岩石、溪流和斑駁的苔原。最後，我看到了一個似乎飽經風霜的水果箱。而這個木製的板條箱，竟然就是我們接下來兩個月要住的小木屋（參見圖一）。

圖一：在挪威北極圈內，斯瓦爾巴群島上的小木屋

　　直升機一離開、研究船也消失在海平面後，我們的營地就和二十世紀末的社會脫離了。那座小木屋，或可說是棚屋，實際上還頗舒適，是一九〇〇年代初的獵人就地取材，用漂流木搭建而成。我們帶著第二次世界大戰時製造的栓動式毛瑟槍（Mauser）以防北極熊襲擊。我們與外界只有一種溝通管道，就是事先與研究船約好在晚間用無線電取得聯繫；研究船會在整個夏季緩慢繞行群島周圍的海域，進行海洋測量作業。我們對時事一無所知。經過那年夏天和後續進行的夏季考察，多年後我才發覺，我對七至九月間世界大事的了解，可說是少到令人尷尬的地步（什麼？李察・波頓〔Richard Burton〕＊是什麼時候去世的？）。

　　身處斯瓦爾巴群島，我對時間的概念逐漸脫離了正常的衡量標準。部分原因是夏天出現永晝現象（雖然不能說可以實際照到陽光——氣候有時會變得非常惡劣），無法透過天色來判斷入睡時間。但在杳無人跡的嚴峻環境中，得以專心一意投入自然歷史研究的工作，也是另一個原因。就如同苔原上的物體大小難以判斷，各種過往事件的時序也變得難以區分。比起生氣勃勃的古老山脈，島上少有的人工製品——一張糾纏的魚網、一顆腐朽的氣象氣球——似乎要來得更殘破老舊。每天走回營地的漫長路途上，我往往會陷入沉思，而風聲與海浪聲會

洗滌我的心靈，清空混雜的思緒。我有時會覺得自己彷彿站在一個圓心，與我人生的所有階段，包含過去與未來，都保持著同等距離。對於周遭的景觀和一塊塊岩石，我也彷彿可以綜觀其過往與未來；沉浸在其蘊含的故事中，我看見往事依然在目，覺得這些往事甚至有一天能夠以美麗的面貌再現眼前。從此種感觸可以窺見的，不是時間「不復存在」，而是時間「無所不在」，也就是深刻意識到，世界是如何由時間造就而成，或更確切而言，是如何由時間所構成。

---

* 一九二五～一九八四，英國演員。曾經是好萊塢身價最高的演員，與女演員伊莉莎白‧泰勒私交密切。

第**1**章

綜觀時間的重要性

萬物皆變，萬物不滅。

——奧維德（Ovid），《變形記》（*Metamorphoses*），公元八年

時間謬思簡史

由於兼具地質學家與教授身分，我在講述與撰寫關於宙、代等地質年代的主題時，可以無所顧忌，侃侃而談。我固定教授的課程之一是「地球與生命史」，這門為期十週的學期課，主要探討整個地球在四十五億年間的演化歷程。但身為人類，或更確切來說，身為女兒、母親、遺孀，我和所有其他人一樣，很難誠實面對「時間」。也就是說，我承認時間是有些虛假。

對於時間的反感，蒙蔽了個人和群體的思維。如今可以一笑置之的「Y2K」危機，在千禧年之交可是有癱瘓全球電腦系統及世界經濟之虞。而危機的成因在於，一九六〇、七〇年代

的程式設計師顯然真的不認為西元二千年會有到來的一天。過去十年來，世人逐漸認為，肉毒桿菌治療及整形手術其實是能提升自信的健康療法，而未正視到，這兩者實際上證明了，人類對於無力抵抗時間的洗禮，是感到恐懼與憎恨的。逃避死亡是人類的天性，在視時間為大敵，盡其所能否認歲月流逝的文化中，此種傾向更是明顯。就如伍迪・艾倫（Woody Allen）所說：「美國人相信死亡不是必然的。」

　　此種對時間的謬思，在或許可稱為時間恐懼症（chronophobia）的症狀中，也許是最常見、也最情有可原的一種，而這樣的時間謬思，正是源於人類典型的特質——虛榮與對存在的恐懼。但尚有其他較惡毒的謬思，與最良善的謬思相互糅合，造就人類社會對時間的無知，而此種無知充斥各處、頑強且隱含危險性。身處二十一世紀，如果一位受過教育的成人無法在世界地圖上辨識出各大洲，我們會大感詫異。然而，世人對地球長遠的歷史普遍不以為意，只有最粗淺的認識（呃，白令海峽……恐龍……盤古大陸？），這種情況我們卻能泰然以對。大多數人，包括在富裕及科技發達國家的人民，對時間比例毫無概念——包括地球史上重大篇章的持續時間（duration）；早前環境不穩定時期間的變動速率；以及諸如地下水系統等「自然資本」的固有時間尺度（intrinsic timescale）。

　　身為物種之一，對於人類出現在地球之前的時間，我們有如孩童般覺得事不關己，也有部分存疑。許多人對沒有人類當主角的故事興趣缺缺，因而對自然歷史漠不關心。我們因此恣意妄為，也對時間觀缺乏認識──亦即缺乏時間素養。就像經驗不足又過度自信的駕駛般，我們腳踩油門闖進自然景觀及生態體系之中，但毫不了解其建立已久的交通秩序，以致因為漠視大自然法則而受到懲罰時，覺得驚訝又憤慨。正由於對地球歷史一無所知，我們再如何宣示人類的現代化都是枉然。我們的時間概念好比十四世紀的世界地圖般原始，而十四世紀仍相信地球是平的，還有龍潛行在天涯海角。我們就帶著如此原始的時間觀，胡亂駛向我們的未來。倡導時間謬思的巨龍，今日依然還存留在一些意想不到的棲息地上。

　　在各種挑戰時間概念的陣營中，以年輕地球創造論（Young Earth creationism）所噴發的火焰最為猛烈，但至少其挑戰的理由可想而知。在大學教授地質學這許多年來，我曾遇過一些福音派基督教背景的學生，他們很認真的想在自己的信仰與對地球的科學認知之間取得妥協，為此掙扎不已。我深知他們的苦惱，所以試圖為他們指引明路來解決他們內心的衝突。首先，我強調我的工作不是要挑戰他們的個人信仰，而是

教授地質學的思考邏輯（或可稱為地質邏輯？）──學會運
用地質學的研究方法及工具，不僅能理解地球現今是如何運
轉，也能詳細記錄下其複雜又令人驚嘆的歷史。部分學生似
乎可以接受捨棄固有思維，將科學與宗教信仰區分開來的作
法。但事情更常見的發展是，隨著他們學會獨立研究岩石與地
景，這兩種世界觀似乎就變得更不相容。在這種狀況下，我會
引用笛卡兒在其《沉思錄》（*Meditations*）中所提出的論點來
開導學生，也就是他自己的存在，究竟是真實的，抑或是包藏
禍心的惡魔或上帝所精心創造的幻覺 1。

　　在地質學入門課程前段，我們便能開始了解到，岩石不
是名詞，而是「動」詞──是地球各種運動過程活生生的見
證：包括火山的爆發、珊瑚礁的連生、山脈的成長等。在我們
觸目所及之處，岩石無不見證著在時間長河中展開的各種事
件。隨著時間一點一滴累積，在兩個多世紀後，岩石於世界各
處講述的在地故事，終於織就成一張瑰麗的地球圖像──地質
年代表。這張地質時間（Deep Time）「圖」，象徵著人類智
識最大的成就之一，是分屬眾多文化與信仰的地層學家、古
生物學家、地球化學家、地質年代學家合力建構而成。地質
年代表尚未完成，除了不斷增補細節，也持續進行更精細的
校正。到目前為止，在二百多年間 2，尚未有人發現任何一

塊年代錯置的岩石或化石——也就是生物學家霍爾丹（J.B.S. Haldane）名言所說的：「前寒武紀的兔子化石」[3]——如果真有這種化石，就代表年代表本身的邏輯存在著致命的矛盾。

　　如果有人對全世界無數地質學家（有許多服務於石油公司）井然有序的工作表示信服，又相信上帝為造物者，那麼可以選擇接受：一，古老又複雜的地球蘊含著宏大壯麗的故事，在萬古之前借助仁慈的造物者之力開始運轉；或是二，地球年代並不久遠，僅在幾千年前才由狡猾奸詐的造物者捏造出來，其在每個角落縫隙，從化石床遍及鋯石結晶，都安插了看似古老星球產物的虛假物證，期待人類來一探究竟，並於實驗室進行分析。哪一個聽起來比較像是異端之說？由此番論點導出的結論顯而易見。鄭重言之，就是與地球深遠、豐富、恢宏

---

1 Descartes, R., 1641, translated by Michael Moriarty, 2008. *Meditations on First Philosophy, with Selections from the Objections and Replies.* Oxford: Oxford World's Classics, p. 16.

2 指自地質年代表建構以來。

3 霍爾丹曾被問及有什麼證據可以推翻他的進化論理念，據說他便以「前寒武紀的兔子化石」回應（譯注：根據演化論，兔子不應該出現在前寒武紀，因此若找到前寒武紀的兔子化石，便可推翻演化論）。此句名言經常受到引用，但出處不明。

的地質歷史相較，創世紀之說未免過於簡化，而且極端簡化到
對上帝造物之作為不敬的地步。

　　雖然我同情和神學問題搏鬥的人，但無法容忍在（有可疑
充沛資金的）宗教團體的庇護下，故意散播偽科學論述，迷惑
大眾的人士。眼見種種戕害科學知識的景況，例如肯塔基州創
世博物館（Creation Museum）的存在，以及學生在搜尋如同
位素定年法的相關資料時，「年輕地球創造論」網站出現的頻
率之高，我和同事都感到灰心喪氣。但直到我教過的一位學
生提醒我，我才完全了解「創世紀科學」產業運用的手法和
觸角有多深遠。我曾在一本只有書呆子地球物理學家才會看
的期刊發表一篇論文。學生告訴我，創造研究院（Institute for
Creation Research）的網站引用了我的某篇論文。引用頻率是
科學界用來評比該領域人員的參考基準之一，而大多數的科學
家都同意費尼爾司‧泰勒‧巴納姆（P. T. Barnum）4 的看法，
也就是「世上沒有所謂的負面宣傳」。受到引用的次數越多越
好，即使想法受到反駁或挑戰也無妨。但這次引用的情況，就
好比是在社群媒體受到眾所鄙視的網路小白（troll）5 認可。

　　這篇論文是在探討挪威加里東造山帶的一些奇特變質岩。
這些岩石含有高密度的礦物成分，證明其在山脈形成之時，處
於地殼至少五十公里的深處。奇怪的是，這些岩石呈透鏡或扁

豆狀，交錯於其中的岩體，並未轉變成結構較緊密的礦物形體。我和共同研究人員指出，變質岩的岩質之所以不均勻，是原生岩石極度乾燥，抑制再結晶過程所致。我們認為這些岩石，連同其低密度的礦物成分，可能以不穩定的狀態存在於地殼深處一段時間，直到一場或多場大地震造成岩石碎裂，使液體得以流入，在地殼深處引發壓抑已久的變質反應。我們援用一些理論上的限制，主張在這種情況下，不一致的變質作用，可能發生在數千年或數萬年間，而非如同一般地殼作用，是發生在數十萬年至數百萬年間。此一主張成為「快速變質作用的證詞」，創造研究院的某位人士就是揪住這點逕自引用——完全忽略了事實上這些岩石約有十億年的歷史，而加里東造山帶是在約四億年前形成的。我此時驚覺，原來這世上有人有足夠的時間、訓練、動機，在科學文獻的浩瀚大海中，刻意撈取諸如此類的研究成果，而這背後也許有某位金主的支持，報酬想必極為豐厚。

　　那些蓄意以假造的自然歷史論述混淆大眾視聽的人士，與

4 美國馬戲團經紀人暨表演者。
5 原為北歐神話中性喜欺詐的巨怪，現引伸為在網路刻意挑釁他人的無賴。

勢力強大的宗教聯盟組織共謀，宣揚為圖私利或達到其政治目的所制定的教義。對此，我這中西部人的脾氣再好也有極限。我想在此敬告他們：「您沒有資格使用化石燃料（或甚至是塑膠）。所有的石油之所以能發現，都是仰賴對地質年代沉積紀錄的精確了解。您也沒資格享受現代醫學的成果，因為製藥、醫療、手術上要達成各種進展，大多都是依賴對老鼠進行測試。而如果您不明瞭在演化歷程當中，老鼠其實是人類的近親，就無法領會我這句話的含意。您要堅守哪種地球歷史神話，悉聽尊便。但既然如此，您就只能依賴相應世界觀下的技術過活。請不要再用倒退的思維戕害下一代的心靈了。」（哇！我心情暢快多了。）

　　某些宗教派別的時間謬思有著對稱性，它們除了認為過往的地質年代較為短促，也相信未來的時光更加短暫，世界末日已近在眼前。對於世界末日的執念，看似是一種無害的妄想：孤身穿著長袍，手持警告標語的男子，是諷刺畫中的老梗，而我們都歷經了數個「被提」日（Rapture）[6]還是毫髮無傷。但若有足夠的選民真的相信世界末日論，對國家政策就會有重大的影響。相信「末日」即將來臨的人士，沒理由去擔憂氣候變遷、地下水枯竭，或是生物多樣性喪失[7]等問題。因為弔詭的是，如果沒有未來，「保存」任何自然資源都是一

種「浪費」。

　　儘管這些專業的年輕地球論者、創造論者、世界末日論者是多麼令人惱怒，他們都直截了當表明了對時間的恐懼。但有些時間的謬思隱晦到幾乎難以察覺，卻更無所不在、更具危害性，深植在人類社會的根基之中。舉例來說，在經濟學的邏輯中，若工資上揚，勞動生產力也必須隨著增加才算合理。工作內容本就耗時的職業（教育、護理，或藝術表演等）便成了問題，因為這些職業無法再大幅提升效率。在二十一世紀演奏海頓的弦樂四重奏，所花費的時間和在十八世紀時一樣長；完全沒有進步！此種現象有時被稱為「鮑莫爾病」（Baumol's disease），以率先提出此困境的經濟學家命名。[8] 而將此種現象視為一種病狀，明顯洩露出我們對時間抱持的態度，以及在我們西方人眼中，過程、發展、成熟等概念的價值是多麼低落。

6 聖經中信徒升天日。

7 原注：Barker, D., and Bearce, D., 2012. End-times theology, the shadow of the future, and public resistance to addressing climate change. *Political Research Quarterly*, 66, 267–279. doi:0.1177/1065912912442243.

8 原注：Baumol, W., and Bowen, W., 1966. *Performing Arts—The Economic Dilemma: A Study of Problems Common to Theater, Opera, Music, and Dance*. New York: Twentieth Century Fund, 582 pp.

　　會計年度及國會任期造就了狹隘的未來觀。短視近利的人可以獲得獎金、連任做為獎賞，但勇於認真看待我們對未來世代應盡之責的人，往往寡不敵眾、呼聲被蓋過，也無法順利留任。現代的公共機構鮮少能研擬超出兩年預算週期的計畫。現今，即使是兩年的事先規劃，似乎都超出國會和各州立法機構的能力，事到臨頭才端出急就章的支出法案已變成常態。真正著眼於長遠大計的機構，如州立與國家公園、公共圖書館、大專院校等，則日漸被視為納稅人的負擔（或有待開發的企業贊助對象）。

　　為了國家的未來著想而保護自然資源，如土壤、森林、水等，在世人眼中曾經是愛國情操的展現、熱愛國家的表徵。但時至今日，消費與賺取收益，不知為何已與良好公民（如今企業也被納入其中）的概念混為一談。事實上，消費者一詞，或多或少已成為公民的同義詞，而且似乎未有任何人對此感到憂心。「公民」意味著參與、奉獻、施與受。但「消費者」只有受的意涵，像蝗蟲般橫掃種植著穀物的農田，吞噬掉眼前所有的一切，彷彿是我們扮演的唯一角色。我們或許會嘲笑末日思維，但更普遍存在的理念，也就是消費程度可以並應當持續增加的經濟信條，同樣是虛而不實的。而儘管建立長遠目光的必要性更加急切，我們卻在「現今」自我封閉又自戀地

大發簡訊與推文，注意力反而更見短淺。

　　學術界也必須為傳播某種微妙的時間謬思承擔些許責任，因為它獨厚特定類型的學術探究活動。物理學與化學位居學術研究領域的最高階層，因為它們的研究可以精確量化。但要以同等的精確度來說明大自然的運作方式，唯有與任何特定的歷史或時刻脫鉤，並且在受到嚴格控制、完全不自然的情況下才有可能做到。物理學與化學很明顯被界定為「純」科學；這兩種學科之所以純粹，是因為本質上不受時間影響，也就是不受時間汙染，僅探討普世的真理與永恆的法則。[9]就如同柏拉圖的「理型論」（forms），世人通常認為這些不朽的法則，要比其任何確切的表徵（例如地球）來得更真實。相形之下，生物學及地質學就歸屬在階級較低的學術領域，因為它們反覆受到時間的洗禮，缺乏強烈的必然性，因此被界定為「不純粹」的科學。物理學與化學的定律顯然可以應用在生物及岩石上，而關於生物與地質體系如何運作，也可歸納出一些總則。但在宇宙這個特定角落的悠長歷史中，以獨特豐富的面貌

---

9 原注：理論物理學家李.斯莫林（Lee Smolin）是少數意見派，他斥責他的學科是有系統的在「驅逐時間」。Smolin, L., 2013, *Time Reborn*, Boston: Houghton Mifflin Harcourt, 352 pp.

相繼而生的各種生物體、礦物、地景，才是這兩種學術領域的
研究主體。

　　做為生物學分支學科的分子生物學，以白袍實驗室的訴
求以及對醫學的崇高貢獻，推升了生物學的地位。但地位低
下的地質學，從未如其他學科享有響亮的聲名。地質學沒
有諾貝爾獎可拿，未列入高中生的進階先修課程（Advanced
Placement），而且有著陳舊乏味的公眾形象。這點當然使得
地質學家怨恨難消，但在各政界人士、企業CEO、普通公民
都亟須對地球的歷史、結構、機能有些許了解之際，這樣的景
況也為社會帶來嚴重的後果。

　　理由之一是，大眾對一門科學的價值認知，對其可獲得的
資金大有影響。由於基本地質調查可獲取的補助金有限，在沮
喪之餘，一些研究早期地球樣貌，以及岩石紀錄中最古老生命
遺跡的地球化學家和古生物學家，很聰明的順應美國太空總署
的專案，將自己重新定位為「太空生物學家」以獲得資助；而
這些專案資助的研究主題，是探索太陽系內他處或其他星系有
生命存在的可能性。雖然我佩服他們巧妙變通的能力，但令人
氣餒的是，我們地質學家必須打著太空計畫的旗號，才能讓立
法人員或大眾對他們自己的星球產生興趣。

　　第二個理由則是，其他領域的科學家對地質學的無知及

漠視，會造成嚴重的環境影響。在冷戰期間，物理學、化學、工程學上的重大進展——核能技術的開發；新塑膠、殺蟲劑、肥料、冷媒物質的合成；農業的機械化；公路的擴充——開創了前所未有的繁榮時代，但也產生地下水汙染、臭氧層破壞、土壤與生物多樣性流失、氣候變遷等遺毒，使後繼的世代必須為此付出代價。就某種程度而言，促成這些成就的科學家與工程師不應受到指責；若某人所受的訓練，是讓他以高度簡化的方式來看待大自然的系統，並屏除各種細節以利援用理想化的法則，但某人從不知曉大自然系統所受到的侵擾，可能會如何隨著時間推移發酵演變，那麼這些侵擾造成的惡果，也將出乎意料之外。說句公道話，直到一九七〇年代為止，地球科學本身都未有一套分析工具可用來在十年至百年的時間尺度上，將大自然複雜系統的運作方式概念化。

　　然而，時至今日，我們應該已學到教訓，亦即把地球當成在受控實驗環境下，一個簡單、可預測、可任人擺布的物品，在科學上是不可原諒的。但拜同樣老舊、漠視時間的自大心態之賜，進行氣候工程，或可稱為地球工程的誘人想法，在特定學術圈及政治圈大行其道。若要達到地球降溫目的，又無需費力減少溫室氣體排放，最常受到討論的方法是，將有反射太陽光作用的硫酸鹽懸浮微粒注入平流層（即高層大氣），以

便模擬火山大爆發的效應；過去火山大爆發曾暫時促使地球
降溫。舉例來說，一九九一年菲律賓的皮納土波火山（Mount
Pinatubo）爆發，使得全球溫度穩定攀升的趨勢中斷兩年。倡
導此種粗劣地球改造工程的，主要是物理學家與經濟學家。他
們主張這種工程費用低廉、可收實效，在技術上是可行的，並
以具親和力、幾近官僚式的名稱——「太陽輻射管理」（Solar
Radiation Management）來推廣。10

　　但大多數的地球科學家都深切意識到，縱然只是小小改變
錯綜複雜的自然系統，都可能造成嚴重且始料未及的後果，因
此對氣候工程深表懷疑。扭轉全球暖化所需的硫酸鹽量，必須
相當於皮納土波火山每幾年爆發一次所釋放的硫酸鹽量，而且
必須至少在下個世紀持續釋放，因為在尚未大幅減少溫室氣體
濃度的狀況下，若停止注入硫酸鹽懸浮微粒，將會造成全球氣
溫驟升，而此種突如其來的變化，恐怕將超出眾多生物圈的調
節能力。

　　更糟的是，氣候工程的效用會隨著時間遞減，因為平流層
硫酸鹽濃度增加時，細小的硫酸鹽微粒會併成較大的粒子，其
反射太陽光的作用較差，停留在大氣層的時間也較短暫。最重
要的是，即使全球溫度整體來說可能是淨下降，但我們無從
得知，各個區域或局部地區的氣候系統究竟會如何受到影響

（順帶一提，現今並沒有國際性的管理機制來監督、規範操弄全球大氣層運作的行徑）。

　　換言之，現在所有的學科，都該採用地質學的觀點來看待時間，以及時間美化、摧毀、復原、擴大、侵蝕、增殖、交纏、革新、根除各種事物的能力。測量地質時間可謂地質學對人類最偉大的單一貢獻。正如顯微鏡與望遠鏡，讓世人的眼界延伸至曾因過於微小或巨大，以致肉眼無法得見的空間，地質學也提供了一片觀測鏡，讓我們能以超越人類體驗局限的方式來見證時間。

　　但大眾之所以對時間有錯誤的認知，就連地質學界也難辭其咎。自地質學於一八○○年代初期誕生以來，地質學家（對於年輕地球論者自是懷有戒心）喋喋不休地講述地質作用是如何超乎想像的緩慢，以及地質變化只有經過無比漫長的時間積累才會產生。此外，地質學教科書也一貫指出（以幾近歡欣的語調），倘若地球四十五億年的歷史，用一天二十四小時來比喻，所有的人類歷史將出現在午夜前的最後一瞬間。

10原注：Including Steven Levitt and Stephen Dubner in Chapter 5 of *Superfreakonomics: Global Cooling, Patriotic Prostitutes, and Why Suicide Bombers Should Buy Life Insurance*. 2010. New York: William Morrow, 320 pp.

然而用這種方式來理解人類在時間長河所處的位置，是錯誤，甚至是不負責任的。首先，此種比喻暗示著，在一定程度上，人類其實無足輕重，力量也沒那麼強大。我們不僅因此在心理上對地球感到疏離，也有藉口忽視人類在那一瞬間對地球產生的影響規模有多大。這種比喻法也否定了人類與地球歷史深厚及永世交纏的關係；人類一族也許直到午夜鐘聲響起前一刻才出現在地球上，但地球這個大家庭內的各種生命體，至少在清晨六點即已存在。最後要指出的問題是，如此的比喻方式帶有末世意涵，也就是前方沒有未來——午夜後究竟是何等光景？

時間的問題

縱使我們人類可能永遠無法完全停止憂懼時間，並學會愛上時間（套用一下電影《奇愛博士》〔*Dr. Strange love*〕的片名）11，也許我們可以在時間恐懼症與時間嗜好症之間找到一個折衷點，慢慢養成「綜觀時間」的習慣，也就是明察我們在時間軸中所處的位置，包括觀照在人類現身前早已到來的過往，以及將無人類參與而逕自推進的未來。

所謂綜觀時間，包括感受地質時間軸上各種地理景觀的距

離遠近。只著眼於地球的年齡，就好比用總節拍數來描述一首
交響曲。沒有了時間，一首交響曲就變成一堆聲響；音符的持
續時間及主題的反覆重現，勾勒出交響曲的面貌。同樣的，
地球故事的宏偉之處，在於其許許多多樂章逐步開展、交織
在一起的節奏，而各種簡短的主題動機（motif）伴隨著這些
節奏，飛馳在響徹整個地球歷史的音調之間。我們逐漸領略
到，許多地質作用的速度，並不太像是世人一度認為的極緩
板（larghissimo）；山脈的成長速度現今已能即時測量出來，
而氣候系統變化的步伐正日漸加快，甚至連鑽研氣候數十年的
人士都感到驚訝。

　　儘管如此，了解到我們所居住的地球有著極為古老的歷
史，並且久經淬鍊，而不是尚處於發展階段、未經試煉，還可
能相當脆弱，令我著實感到寬慰。而知曉地球過往如此多種的
面貌及動植物至今仍可見，我這個世俗之人的日常生活也更
加豐富多彩。理解了某個特定景觀之所以形成特定樣貌的緣
由，就像是知悉了某個普通詞語的語源，剎那間有種徹悟之

11該片片名副題是「我如何學會停止恐懼並愛上炸彈」（How I Learned to
　Stop Worrying and Love the Bomb）。

感。一扇窗戶於焉開啟，照亮了久遠但仍可辨識出的過往──好比記起了遺忘已久的事物。這扇窗戶的開啟，賦予了世界多重的意涵，也改變了我們對人類在世上所處地位的認知方式。雖然我們可能因為虛榮、對自身存在的焦慮，或是自恃傲才等理由，極力想否定時間的運作，但貶斥人類囿於時間的世俗性，就等於在貶損我們自己。雖然時間不復存在的幻境可能令人迷醉不已，但於時間無所不在之實境，方能尋得更加深邃、更奧祕的美麗風景。

本書概覽

我之所以撰寫這本書，是因為相信（也許有點天真），如果有更多人了解我們身為地球居民所共有的歷史及命運，我們也許會更加善待彼此，以及這個星球。當這世界因宗教信條、政治仇恨而出現前所未有的高度分歧，若要找到共同的理念或一套通則，盼能藉以匯集所有派系開誠布公對談，討論日益棘手的環保、社會、經濟問題，希望似乎很渺茫。

但地質是我們共同的遺產，或許能讓我們以全新的取向，重整對這些議題的看法。事實上，自然科學家已扮演著非正式國際外交使團的角色。從他們身上可以證明，來自已開發與發

展中國家、社會主義與資本主義政體、神權國家與民主國家的人民，有可能攜手合作、相互辯論、分持不同意見，進而求取共識。而這些人民能結合成一體，是因為我們都是地球的公民，在這星球之上，地殼、水文、大氣的運作模式沒有國界之分。也許，只是也許，地球本身可憑藉其無比深遠的歷史，為我們敘說無關政治的史話，或許能讓所有的國家願意以此為鑑。

在後續的篇章中，我希望能傳達足以改變世人想法的時間觀，以及貫穿地質思維的地球演化進程。雖然讀者可能無法完全領會地質時間的廣大，但至少能對它的比例有些許感知。以前教過我的一位數學教授，很喜歡在課堂上提醒大家「無窮盡這個概念有許多大小和形體」。地質時間也是類似的道理，它雖然不是真的無窮盡，但從人類觀點來看確實是如此。不過地質時間的海域深淺不一，可以如最後一個冰河期之淺，如太古宙（Archean）時期之深。

第二章講述地質學家如何繪製出時間海洋的地圖，先是參照化石紀錄進行質化分析，接著參考天然放射現象，增加量化分析的精確性（這是本書內容最專業的部分；如果對同位素地球化學不是特別有興趣，可以直接跳過細節往下閱讀，不用感到愧疚或擔心失去連貫性）。地質年代表是匯聚眾人心力的智

識成就，不過並未得到應有的重視，而且尚未編制完成。本書於附錄一提供了簡版地質年代表供讀者參考。

　　第三章探討固態地球的內在節奏：地殼運動與地景演變的步伐，以及如要套用地質學的觀點，為何必須拋棄成見，不再認為地形特徵永遠不變。地質作用可能相當緩慢，但並未超出我們的認知範圍。從「記錄地球脈動」的過程中所獲得的最重大體悟之一，就是各種不同自然作用的速度，從山脈的成長，到侵蝕、演化上的適應，雖然背後的驅動力相異，卻配合得天衣無縫。本書在附錄二的數張圖表中，歸納了各種地質現象的持續時間、變動速率，以及再現週期。

　　第四章討論大氣層的演變，以及在地質史中，環境出現劇烈變化和遭遇生物大滅絕時，大氣結構變動的速率。在過往的年代，每當環境變動的速率超越生物圈的適應能力時（只有一次可歸咎於隕石），地球漫長的穩定期就會突告終止，如此一再重複。本書於附錄三比較了地球史上八大環境危機的成因與後果，包括我們目前面臨的環境變遷。

　　第五章開頭先敘述十九世紀發現了冰河期（更新世〔Pleistocene〕），接著說明它如何逐漸促成現代人對氣候變遷的體悟。更新世時期不僅常年酷寒，更歷經二百多萬年的氣候變異，是進入全新世（Holocene）前的過渡期。而在距今一

萬年的全新世，氣候轉趨穩定，使現代人類文明得以誕生。此點發人深省，因為當前環境變動的速率，在地質時間上幾乎是前所未見——這也是我們正處於新地質年代，也就是人類世（Anthropocene）的論據所在。

最後一個章節展望地質的未來面貌，並列舉一些提案，希望藉此建立一個更穩健、開明、更有「時間素養」的社會，使其能在跨世代的時間尺度上做出決策。而只要改變我們的認知便能做到這一切。對北美許多人來說，二〇一七年的日全蝕是個顛覆性的體驗，讓他們在轉瞬間窺見了人類在宇宙中所處的位置。同樣的，地質觀察也能讓我們看見「時間」世界不可思議又奇妙的面貌；這是身居其中的我們平日無法得見的。即便是短暫的一瞥，也能改變我們在地球上的生命體驗。

時間地圖

雖然我們只是地球表面的旅居者，拘束在太空中的一個小點，只在世上停留短暫的一刻，但人類不但有能力計算出在肉眼視野之外有多少世界，也能查探出在人類誕生前的不明年代有何事發生。

——查爾斯·萊爾（Charles Lyell），
《地質學原理》（*Principles of Geology*），一八三〇年

思若磐石

　　和許多地質學家一樣，我之所以接觸這門學科，可說是純屬意外。大多數美國高中的課程都有物理學、化學、生物學，而且還列為重點科目，但地球科學的地位就不同了，不是在課表上缺席，就是不在重點科目之列。因此，進入大學的學生，很少有人知道地質學是一門成熟的學術領域，有其獨特的豐富知識底蘊。身為偏好人文學科的大學新生，我選修了一堂地質學入門課，主要是為了達到科學學分要求。我當初對這門課的期望有點低；這只不過是個輕鬆的「營養學分課」罷了。每週一次的野外考察至少讓我有機會到校外走走。令我訝

異的是，我發現地質學需要運用到一種全腦的思考模式，這是我先前未曾接觸過的。地質學巧妙借取物理學與化學的概念，來研究狂放不羈的火山、海洋、冰層。它採用近似於研讀文學藝術的方法——細讀文本、注意典故與比喻、運用空間想像力——來察看岩石。這門學科獨特的推理邏輯，需要靈活的認知能力，以及強大但有適當節制的想像力。而地質學辨明事物的能力廣大無比，甚至能用來解釋這世間萬物的源起。我於是愛上了地質學。

要形容地質學家如何看待岩石與地景，有個很恰當的比喻，就是重複書寫的羊皮紙（palimpsest）——中世紀學者用這個詞來描述可以多次使用的羊皮紙。使用時會刮去舊有的墨跡，以另行寫成新的文件。由於墨跡總是難以完全刮除，先前的文字也就殘留下來。這些殘餘的字跡可以利用X光及各種照明技巧解讀出來，在某些狀況下，甚至是取得遠古文獻的唯一管道（包括幾份古希臘科學家阿基米德最重要的手稿）。同樣的道理，儘管地球不斷寫下新的篇章，但在地球的各個角落，早前世代的遺跡仍存留在地形的輪廓，以及其底下的岩石之中。地質學宛如一部光學裝置，可以用來照見地球留存在各度空間的文字。用地質學的觀點來思考，就像是用腦海映照萬物，範圍除了表層可見的事物，也包括表層底下存在的事

物，無論是出現在過去或未來。

　　其他學科，尤其是宇宙學、天體物理學、演化生物學等，都與「地質時間」（美國作家約翰・麥克菲〔John McPhee〕指稱史前、考古前之時代的用語 1）相關，但唯有地質學能直接接觸到曾經見證地質時間的有形物體。地質學關注的不是時間本身的性質，而是它無可匹敵的轉化能力。在記錄世界早前面貌實證的過程中，是地質學家率先培養出直覺，感知到地球時間的廣大，儘管他們直到二十世紀才有辦法將時間測量出來。

地球如何衰老（又強勢回春）

　　在各種學科之中，地質學可說是大器晚成型。行星的運行模式在十七世紀受到闡明，熱力學與電磁學的定律於十九世紀提出，原子的祕密則在二十世紀初揭櫫於世，而我們能夠得知地球的年齡，或清楚了解地球整體的運作方式，都是在這些成

---

1 原注：McPhee, J., 1981. *Basin and Range*. New York: Farrar, Strauss and Giroux, p. 20.

就之後。這並不代表地質學家蒙昧愚蠢，只是地球一直是難以捉摸的研究對象——距離太遠又太近，無法讓人看個分明。當其他學科大步邁進，利用望遠鏡、顯微鏡、燒杯、玻璃鐘罩（bell jar）來闡述自然界時，地球還是不能透過鏡片觀看，或縮成可在研究室實驗的大小。再者，我們身為人類的自我知覺，以及人類與其他萬物之間的因緣關係，總是深深干擾著我們對地球的解讀。我們難以向後退，以清晰的視野觀看事物，自是不足為奇了。

比起任何其他科學學科，地質學更需要龐大的想像能力，也更需要對大膽的歸納式推理抱持開放的態度。舉例來說，十八世紀的人要如何開始回答「地球的年齡有多大？」這個問題。在西方世界，大多數人並沒有理由挑戰聖經的啟示，也就是地球的年齡是六千年左右（在一六五四年，愛爾蘭教會的大主教詹姆斯・烏雪〔James Ussher〕以驚人的精準度，推算出神在公元前四〇〇四年十月二十三日星期天創世）。

當我詢問身處二十一世紀的學生，若拋開宗教上的先入之見，以及他們學到的四十五億年這個數字，自己要如何獨立問答這個問題，他們通常會說：「嗯，找到最古老的岩石，推算出岩石的年齡就可以了。」但話說出口之後，才發現這根本不是答案——我們要如何判斷哪些岩石是最古老的，又如何判定

它們的年齡？光是一開始就得動用到整套現代地質學的知識體系。所以在一七八九年，一位蘇格蘭醫師，同時也是紳士農場主、自然哲學家，能夠慧眼獨具，在鄰近鄧巴鎮（Dunbar）的海岸所露出的岩床中，察見地質時間的廣袤，可謂成就非凡。2

在遭受強風吹拂的西卡角（Siccar Point），現代地質學之父詹姆士．赫頓（James Hutton）發現某個岩面有兩個不連貫的沉積岩層序（sequence），下方層序的岩層近乎垂直，而上方層序的岩層則較接近預期應有的狀態，也就是呈平躺狀（參見圖二）。許多人過去都曾看過這個岬角；任何人乘船經過，都會小心翼翼避開它，以免被猛烈拍打岩石的海浪捲入。然而，赫頓卻能看出，岬角上的岩石不只標示著危險的航行水域，同時也是已消逝地貌的鮮活見證。對此，他提出兩項與當時想法迥異的解釋。第一，他認為底下垂直的岩層是舊時山脈

---

2 原注：值得注意的是，一些非西方文化在近代科學出現以前，即已具備「地質時間」的概念。例如，印度教與佛教都有劫這個概念，原出自梵語kalpa，代表宇宙由誕生到毀滅的一個週期——其中間所歷經的時間遠長於人類的經驗與記憶。其他亞伯拉罕（Abrahamic）宗教傳統以外的文化，可能也有類似的概念，認為宇宙是極其古老的。但在孕育現代地質思維的歐洲，聖經教義長久以來一直是促進科學認知的阻礙。

的遺跡，而昔日地殼隆起，造成海相地層翹起，因而在此形成山脈。第二則是，他認為上下岩層層理遭到切割，代表著此處曾經過長時間的侵蝕，作用力足以夷平山脈，而覆蓋在上方的岩層，是堆積在山脈遺跡上的沉積物。

赫頓估算他自己的土地受到侵蝕的速率，據此主張岩面結構不連貫的現象——也就是現稱的交角不整合（angular unconformity）——顯示岩石受到侵蝕的時間漫長到難以測量，與聖經主張的地球年齡相較，相當於一段永無窮盡的時間。透過此種簡單但革新的推算方式，赫頓顛覆了主流看法。所謂主流看法是，地球的今昔呈兩種分歧的走向。過往波瀾萬丈，如諾亞大洪水等災變頻仍，而今世界已歸於平和，不再生變。若假設地球只有幾千年的歷史，那麼深受侵蝕的山谷，層層疊加的沉積岩，就只能用大災變來解釋成因。赫頓以地質學的基礎概念——均變說（uniformitarianism），取代了此種世界觀。均變說乃是假設現今所見的地質作用，與過去進行的作用是相同的。

但赫頓在地質學研究上所發揮的想像力不僅止於此。他在一七八九年的著作《地球理論》（*Theory of the Earth*）之中，提出了更大膽的推論。他認為岩石堆積、隆升、侵蝕、再生等過程，在地球循環不息，可以回溯到久遠而難辨的年代，而岩

圖二：赫頓在蘇格蘭西卡角見到的不整合面

泥盆紀
的「老紅
砂岩層」

不整合面

志留紀
的砂岩層及
頁岩

石不整合面所記錄下的，只是當中的一個循環週期。赫頓對於
地質時間的奇妙感知，徹底改寫了地球的過往，並打開智識
的大門，使現代地質學與生物學應運而生。萊爾繼承並提倡
赫頓之說，在他文筆精湛的巨著《地質學原理》中，將均變
說提升至正統學說的地位。若沒有他們兩人，達爾文（Charles

Darwin）便不可能領悟到時間透過物競天擇，形塑生物面貌的力量（達爾文搭乘小獵犬號〔HMS Beagle〕環遊各地五年的期間，萊爾的古老地球論不斷在他腦海迴響；《地質學原理》第一卷或許是達爾文的「小隨行圖書館」中最重要的一本書）。雖然赫頓眼中各種作用循環不息的世界令人神往，但他的論述在某些層面上過於虛幻縹緲，沒有扎扎實實、一點一滴的重新建構地球的演變歷程。希臘文有兩個形容「時間」的用詞，分別代表單純流逝的時間（Chronos），以及具有意義的特定時機（Kairos）。用這兩個詞的分野來說明就是，雖然赫頓引領我們初探了地球時間的輪廓，但劃分時間刻度、填補特定時機的工作，耗費了地質學家過去兩個世紀的時間。

　　早期試圖用地質紀錄譜寫地球歷史時，所秉持的理念是，過去在不同的時點，會有特定類型的岩石在全球各地形成。如花崗岩、片麻岩等結晶岩，屬於原生或「第一紀」（Primary）的岩石，而如石灰岩、砂岩等層狀岩石，則屬「第二紀」（Secondary）。半黏性的礫石與砂土層歸屬於「第三紀」（Tertiary），疏鬆、未固結的沉積物屬於「第四紀」（Quaternary）（奇特的是，現代的地質年代表仍沿用「第四紀」一詞，「第三紀」則是存續至二十世紀末）。但並無任何依據可以用來鑑定，這些岩石種類的年齡在世界各地是否確

實相同。

在一八○○年代初，拜威廉・史密斯（William Smith）的敏銳觀察之賜，經過詳細校正的地質時間圖表得以初具雛形。史密斯曾參與運河開鑿工作。他注意到特定類型的貝殼化石會出現在英格蘭各地同樣的地層層序中（參見下頁圖三）。這些指準化石（index fossils）可用來表徵特定的地質時代，就如同圓盒帽與喇叭褲等，可成為不同文化年代的指標。因此，空間上不連續的地層，始於英國，再橫越英吉利海峽而延伸至法國，得以透過指準化石建立彼此之間的關聯。在拼湊地質年代表的早期階段，業餘化石收藏家的貢獻居功厥偉。例如出生於英國萊姆里傑斯市（Lyme Regis）的瑪麗・安寧（Mary Anning）就是其中一位。這位著名收藏家的故事，也在英文繞口令「She sells seashells（她在海邊賣貝殼）」中永遠流傳。舊有的觀念認為，岩層的本質普遍相同，而藉由岩層記錄下來的事件，也是放諸四海皆同。但這個觀念已不再適用；地球的悠長歷史遠比赫頓所能想像的還要複雜。不過經過數十年勞心費力的製圖與蒐集、分門別類，並統合（lumping）與分割（splitting）生物分類，最終結果顯示，全世界各地的沉積層序，彼此有著共通的關聯性。

利用指準化石所編制出的，是最為大眾熟知的地質年代

圖三：指準化石示意圖

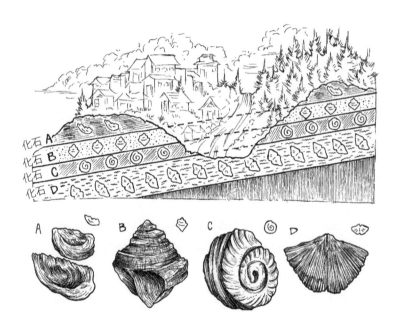

表，年代由近至遠分別為：新生代（Cenozoic Era），有著
各式各樣的哺乳動物；中生代（Mesozoic Era），有著可畏的
爬蟲類；以及古生代（Paleozoic Era），有黝暗的成煤木本沼
澤、喘息的肺魚、疾行的三葉蟲。由於各種生命體的化石豐富
繁多，因此各個代可以再細分為紀，紀再分為世，世以下再分
期。但就在古生代岩石最低的貝殼層之下，寒武紀的地層下

方，岩石陷入了沉默；在這裡找不到任何化石的蹤跡。生命似乎在寒武紀橫空出世，而這個惱人的謎團深深困擾著達爾文。沒有具相的化石協助維多利亞時代的地質學家劃分地質年代，年代最為古老的岩石就成了一團糾結難解的紗線，所以地質學家便將它們全部歸入「前寒武紀」。往後尚需一個世紀的時間，地質學家才會體認到，前寒武紀其實充滿了生命，而且占據地球歷史近百分之九十的時間。

我將十九世紀後半視為地質學的黑暗時期。

赫頓領時代之先，察見地球生生不息的循環；萊爾以啟發性的著作，講述新的地質學知識能如何「追溯無限久遠年代所發生的事件」；達爾文傾注睿智，整合了他對生物與地質的觀察。但在這之後，內外多股勢力相互作用，拖慢了智識發展的進程。在這些勢力當中，有不屈不撓的物理學家，克耳文勳爵威廉·湯姆森（William Thomson, Lord Kelvin, 1824~1907），他在達爾文出版《物種起源》（*On the Origin of Species*）一書後，旋即對地質學產生了興趣。身為熱力學權威，克耳文勳爵理所當然的攻擊赫頓的主張，也就是地球應已存在了無窮長的時間——好比一部永動機般永續運轉——這違反了他提出的熱力學第二定律。但他格外猛烈抨擊達爾文，指稱他在《物種起源》第一版對地球最低年齡的估算過於粗略，應非全然是出於

科學上的動機。

　　對遺傳的實際機制一無所知的達爾文，不知為何領悟到，物競天擇的演化過程，至少需要數億年至數十億年的時間，才能產生他所觀察到的生物多樣性，包括現存及化石中的生命體。他能憑直覺感知地質時間的宏大，著實令人驚嘆。但儘管有這份才情，他卻在《物種起源》中採用了考量欠妥的量化方法。達爾文和赫頓一樣，也以侵蝕作用的速率為基準來評估經過的時間。但達爾文大幅低估了英國的河流形塑地貌的力量。他推估在威爾德（Weald）地區的一座山谷，需要約三億年的時間才能侵蝕成形（此一估值過大，至少是實際值的一百倍）。由於形成谷壁的岩石年代更加久遠，但又是該地區年齡最小的岩石群之一，所以達爾文推測地球本身年齡有數十億年以上。今人驚訝的是，他的結論是正確的。雖然《物種起源》立論縝密，堪為科學寫作典範，但達爾文在書中推算地球年齡的方式流於天真，輕易遭到推翻。

　　自一八六〇年代初開始，克耳文陸續發表了一系列的論文。在這些論文當中，他根據對地球傳導冷卻速率及太陽壽命的假設值，輔以當時最先進的物理學知識來估算地球的年齡。在一八六四年與一八九七年之間，他判定的地球年齡由數億年縮減到只有二千萬年。由於克耳文投入地質學的時間日益

減少，一些先前受挫的地質學家試圖奪回地球年齡問題的主導權。他們進行獨立的估算，將所有從寒武紀以至近代已知地層的厚度加總起來，再將總額除以假設的沉積率。用此種方式推算出的地球年齡在數億年到數十億年之間，但當中隱含大量的不確定因素，使得推算結果難以取信於世。少數年輕一派有能力理解克耳文推算方式的物理學家，開始質疑他的基本假定──數十年後也的確證明這些假定是錯的──但他們還是怯於挑起這位當代領導科學家的怒火。一位勇敢的化學家約翰・喬利（John Joly，後來發明了彩色攝影）指出，可以用海水的鈉含量做為地球年齡的參考值或替代值。他的（也是錯誤的）假設是，隨著時間更迭，海水的鹽分會日漸增加，因為從陸地岩石溶解出的元素，會透過河川流入大海。喬利根據溶解於河水中的鈉含量代表值，估算出地球的年齡為一億年，為曾在克耳文勳爵面前敗下陣來的地質學家扳回一城。3

達爾文在晚年稱克耳文為他「最痛苦的煩惱」。達爾文於

---

3 原注：雖然他用這個數字來推定地球年齡並不正確，但仍具重要意義；鈉原子會在海中停留一段時間，再由海沫或岩鹽沉澱物帶離海水。這段平均停留時間（滯留時間〔residence time〕）的現代估算值，與喬利的估算值很接近。其他地質「物資」（commodity）個別的滯留時間可參見附錄二。

一八八二年辭世，雖然他骨子裡相信自己畢生的研究成果一定
是正確的，但種種不確定性也縈繞於心，揮之不去。二十世紀
的物理學終將反駁克耳文的主張，不過克耳文在當選不列顛科
學促進會（British Association for the Advancement of Science）會
長時發表的演說，揭示了他的真正意圖：「我向來認為，如果
生物確實經過演化，物競天擇的假說並未包含演化的真正學
理……這個世界是睿智與慈愛的力量所擘劃，不容置疑的明證
處處可見……訓示我們，萬物生靈皆仰賴著永生獨一的創造者
與統治者。」[4]

與達爾文喝杯茶

　　達爾文恐怕是有史以來，最糾結於地質時間究竟有多長的
人。我每次想到他在晚年必定為了心智上的衝突所苦，便深感
同情。為紀念達爾文二百歲冥誕，我在任教大學的圖書館舉辦
了一場《物種起源》全天朗讀會，由數十位教職員和學生輪
流朗讀文本二十分鐘，每隔一小時稍事休息，進行簡短的討
論。

　　這場朗讀會在館內的珍善本室舉行，室內採木嵌板設計，
時代氛圍也與主題相得益彰。現場備有茶飲及佐柑橘醬的烤鬆

餅，一些與會者甚至穿著維多利亞時代的衣裳登場。雖然我知
道這會是一場知識饗宴，但沒有預料到同時也是動人心魄的體
驗。一整天下來，不斷聆聽眾人大聲朗讀達爾文的話語，心中
的感動無與倫比。透過男女與會者、科學家與音樂家、哲學家
與經濟學家、老中青三代人士的獻聲，達爾文本身充滿人性的
聲音重現於世人耳畔。從中可體會他察見大自然細微之處所感
受到的欣喜、他身為科學家嚴謹的治學態度（在達爾文以長篇
講述養鴿經驗的片段，有幾位朋友睡著了）、他個人身為革新
者的膽怯與無奈，以及他最令人佩服的風範——能深刻的自我
懷疑5，並對可能遭受的攻伐了然於胸而坐守以待。《物種起
源》以謙遜的語調、有條不紊（而且通常冗長乏味）的論述闡
明達爾文的理念。達爾文雖然深信自身的理念正確無誤，但也
知道自己不免遭受猛烈的批判。然而，他似乎不認為地質時
間的問題會不見容於科學殿堂。他在第九章中寫道：「查爾
斯·萊爾爵士傾力撰寫的《地質學原理》，在後世歷史學家眼

---

4 原注：Thomson, W., (Lord Kelvin) 1872. President's Address. *Report of the Forty- First Meeting of the British Association for the Advancement of Science*, Edinburgh, pp. lxxiv-cv. Reprinted in Kelvin, 1894, *Popular Lectures and Addresses*, vol. 2. London: Macmillan, pp. 132–205.

5 此處指正面的自我反思。

中，將成為自然科學的革新之作。而能讀懂這本大作，卻又不承認過往時間是多麼浩瀚無邊的人，可以立刻合起本書。」

　　到了這場朗讀馬拉松的末尾，似乎有種感覺，彷彿達爾文早就與我們同在。這時我有種熱切而不合理的渴望，想要與他對談一番。我想起倫敦國家肖像館（National Portrait Gallery）掛著一幅達爾文年老時的畫像。畫中之人弓著身子，眼帶憂愁，似乎身不由己，受到當時受限的智識箝制。我多盼望能告訴他，他當初的簡明理念，如何不可思議的在後世發揚光大，並衍生出更多學理，供無數的新研究領域應用參考。同時，我也想傳遞一項能撫慰他愁苦之心的科學新知：地球是古老的。

以石計時

　　關於地球年齡的爭議，除了對達爾文造成傷害，也使得地質學受到永久的斲傷。由於關於地球漫長歷史的紀錄越發詳細，當物理學的結論似乎與之相衝突時，部分地質學家宣告，地質學必須與其他學科切割開來，成為完全獨立的研究領域，並建立自身的研究方法。雖然地質學與物理學的對峙加劇有其成因，但遺憾的是，這將影響往後數代地質學家的培育方

式，並導致地質學倒退了數十年。舉例來說，厭惡物理學，以及不信任未受地質學專業訓練的人士，使得地質學界長期執拗的否定大陸漂移的證據。一九一五年，一位德國氣象學家阿爾弗雷德‧韋格納（Alfred Wegener）提出經過詳確記載的證據，由此推論地球上的陸地曾經連成一塊超級大陸，稱為盤古大陸（Pangaea）。但是韋格納沒有地質學專業背景（加上英美在第一次世界大戰期間憎惡德國的所有事物），致使地質學界始終對他的主張嗤之以鼻，直到一九六〇年代出現革命性的板塊構造學說為止。

　　但是在二十世紀的前幾年，物理學一項革命性的發展，終將提供有力工具，帶領困在維多利亞時期迷宮的地質學找到出路。亨利‧貝克勒（Henri Becquerel）[6]於一八九七年意外發現放射現象，之後僅經過十年的光景，放射技術便已用於判定岩石的年齡。到了一九〇二年，兩位學者的研究成果，包括在巴黎的瑪麗‧居禮（Marie Curie）及在劍橋的恩尼斯特‧拉塞福（Ernest Rutherford），顯示出放射性衰變過程堪稱大自然的煉金術。在這過程之中，部分元素（例如鈾）在轉變成其他元素

---

6 一八五二～一九〇八，法國物理學家。因發現天然放射性現象，與居禮夫婦一同獲得一九〇三年諾貝爾物理學獎。

（例如鉛）的同時，會以穩定的速率自動釋放能量，而且釋放的速率，與母元素的剩餘量成比例。根據現今的說法，元素種類是由原子核內的質子數決定，而特定元素之下有不同種類的同位素，其中子數各不相同。有些母同位素會衰變成其他元素的子體同位素。但是當時原子的結構甚至尚未為人所知：拉塞福直到一九一一年才發現原子核，而同位素的概念要再經過數年才會出現。

　　一九〇五年，拉塞福證明放射現象是依循指數形式衰變的過程，並立即體認到其可做為自然的時鐘，用來判定含鈾岩石的年齡。但實踐此理論，率先測定絕對地質年代的，是倫敦帝國學院（Imperial College）年方十八歲，天資聰穎的物理學學生亞瑟・霍姆斯（Arthur Holmes）[7]。自一九〇八年起（克耳文勳爵於前一年去世），霍姆斯開始尋找適合的岩石樣本，並從中分離出礦物，尤其是鋯石。鋯石在結晶時含有鈾（U），但不含鉛（Pb）的成分。他接著需要找出鋯石中鈾與鉛的相對比例，運用拉塞福的放射衰變定律，也就是將放射性量化做為時間的函數，來判知自鋯石結晶後，究竟經過了多少年的時間。[8]

　　算法非常簡單；所需的數字只有：一、子母同位素比例（Pb:U），此比例會隨著岩石年齡增加而成長，而且不受

母元素原始（無法得知）的數量影響（參見下頁表一）；以及二、母元素的衰變常數，基本上就是任何原子在特定時間內將衰變的機率——好比某人在任何一年彩券中獎的機會。因此，衰變常數的單位是1/時間。拉塞福根據特定一段時間內，從某鈾塊探測到的放射性物質排放量，推算出鈾的衰變常數。衰變常數與半衰期呈反比；半衰期是大眾較為熟悉的概念，也就是一半的母元素衰變成子元素所需的時間。換言之，若衰變常數小（中彩券的機率低），表示半衰期長（需等待良久才能致富）。相反的，衰變常數大，半衰期就短（大發橫財！）。

　　及至一九一一年，儘管對放射現象仍只有初步了解，實驗設備也相當原始，霍姆斯成功測定了六種火成岩的絕對年

7　原注：關於霍姆斯生平生動有趣的描寫，可參見：Cherry Lewis, 2000, *The Dating Game: One Man's Search for the Age of the Earth*. Cambridge: Cambridge University Press.

8　原注：拉塞福—索迪定律（Rutherford-Soddy law）以數學式來表示放射衰變定律，亦即 *dP/dt =-λ P*，*P* 是母同位素在任何時間的原子數，*dP/dt* 是衰變速率，λ 是該同位素的衰變常數。半衰期 *t1/2* 與衰變常數之間的關係是 *t1/2 = ln 2/λ*，或 *0.693/λ*。在約十道運算步驟內，便可由拉塞福的定律求出一個等式——年積方程式（Age Equation）——用以表示礦物的年齡（自結晶後經過的時間，*t*），做為子／母同位素比例 *D/P* 與衰變常數 λ 的函數。亦即：*t = 1/λ [ln (D/P +1)]*。

表一　放射性衰變計算簡表

結晶後歷經的半衰期次數	範例一：母元素初始量=100			範例二：母元素初始量=32		
	母元素量	子元素量	子母元素比	母元素量	子元素量	子母元素比
0	100	0	0	32	0	0
1	50	50	1	16	16	1
2	25	75	3	8	24	3
3	12.5	87.5	7	4	28	7
4	6.25	93.75	15	2	30	15

注：「子母元素比」是測定某礦物年齡的重要參考值，不受現存母元素原始數量的影響。

齡。在根據化石編制的地質年代表中，這些火成岩的相對年齡是按照其與沉積岩之間的關係來排定。三個樣本取自含有化石的古生代，其他三個樣本則取自晦澀不明的前寒武紀。即使霍姆斯所測量的鉛，一部分並非來自母鈾元素的衰變，而是另一種放射性元素，亦即釷，但他所測定的年代卻與現代測定值極為相近（差距在數千萬年以內）。

　　接受分析的第一塊岩石，是取自挪威的花崗岩，據信是在泥盆紀形成（根據與富含化石的沉積地層的切割關係判定）。所測出的年齡約三億七千萬年，較克耳文估算的地球年齡長十八倍。而一塊屬於前寒武紀，取自錫蘭（斯里蘭卡）的變質片麻岩，測出年齡為十六億四千萬年，較克耳文的估值整整大兩位數。達爾文的直覺受到驗證。霍姆斯其後也將成為二十世紀最卓越的地質學家之一。克耳文長久以來被奉為圭臬的主張立即失去公信力，因為放射性元素不僅可以用來直接測定岩石年代，也是地球內部的熱源之一，而克耳文在計算地球冷卻速率時，並未將放射性元素納入考量（多年後，霍姆斯將挑戰克耳文另一套基礎假設，主張地球冷卻過程主要是透過對流，而非傳導的方式散熱）。最重要的是，地質年代表如今可以受到校正。就連最深不見底的地質年代都能加以測量；前寒武紀將不再是渺茫未知的原始荒野。

沉積物漫談

　　實際上，新興的地質年代學（地球的年代）尚需歷經數十年才能至臻成熟。利用放射性同位素精密測定地質年代，除了需要各學科更先進的知識輔助，包括核子物理學、宇宙化學（研究元素源自宇宙何處）、岩石學（研究火成岩與變質岩）、礦物學等領域，也必須研發新的分析儀器，尤其是可以從各種同位素中辨識出單一元素的質譜儀。

　　另外還有一項難題，就是維多利亞時代眾學者戮力建構而成的地質年代表，是以化石做為地質年代的指標，完全根據沉積岩來判別年代。利用同位素測定的沉積岩年代，所反映的不是沉積物的年齡，而是火成或變質原岩的結晶時間；沉積物的顆粒是由這些原岩生成。

　　因此，根據化石所訂定的地質年代表，如要標上絕對的年代時間，則必須找到剛好露出的岩層，而岩層之中，生物地層學年齡限制條件完整（well-constrained）的沉積岩，也剛好與火成岩交疊，或受到火成岩切割，使同位素地質年齡能與化石紀錄契合（參見圖四）。火山灰層是鑑定地質年代最理想的標的，因為它代表了在地質時間的某一刻，從空中掉落的新生火成岩結晶，並且與同年代受到封存的沉積與古生物物質交

圖四：根據化石編制的地質年代表，可對照火成岩與沉積岩之間 的切割關係加以校正

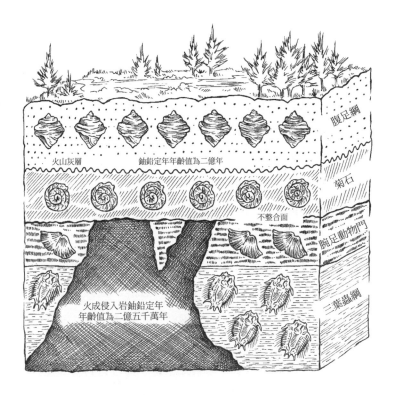

錯。

　　從沉積地層內的火山灰層，可以約略了解到岩石紀錄
（rock record），的形成方式。一般人看到美國大峽谷宏偉壯
觀的岩層，往往會以為個別岩層是有如降雪般堆積而成，在一
段確切的時間內，一下子覆蓋某個特定的區域。但這未必是解
讀岩層的正確方式。例如奧陶紀（Ordovician）時代的聖彼得
砂岩（St. Peter Sandstone）是美麗潔白、幾乎不含雜質的石英
石，沿著明尼蘇達州、愛荷華州、威斯康辛州及伊利諾州北部
的河谷一路延展。

　　聖彼得砂岩在明尼蘇達州明尼亞波利斯市的明尼哈哈瀑布
（Minnehaha Falls）形成了美麗如畫的山谷。此處有數十年的
時間，是聖保羅市福特汽車廠車窗玻璃原料，二氧化矽的供應
來源。在美國禁酒時期，聖彼得砂岩沿著密西西比河形成的天
然洞窟，被開鑿成縱橫交錯的大洞穴，在聖保羅與明尼亞波利
斯市都會區下方隱藏著地下酒吧及祕密倉庫。

　　聖彼得砂岩質地脆弱，甚至稱不上是真正的岩石。在手中
碎裂成均勻的顆粒時，很容易看出這是一種古老的海灘砂。但
聖彼得砂岩遍布於四個州的表面，而且鑽探結果發現，砂岩還
延伸至密西根州、印地安那州、俄亥俄州下方。在任何特定的
時點，沒有任何一座海灘可以涵蓋如此廣大的區域。

　　相反的，聖彼得砂岩記錄著在數百萬年期間，各個海灘隨著古老淺海範圍的消長，在地表緩慢遷移的過程。位於數百英里外的阿帕拉契山脈，在奧陶紀尚是初生的山系。就在奧陶紀的某一天，此處的一座超級火山爆發，所噴出的火山灰雲，在北美大陸中部海域的上空掉落，於整個區域覆蓋一層薄薄的淺綠色泥土，就像蓋上一篇清楚標示日期的日誌。

　　在某些地方，火山灰會出現在聖彼得砂岩頂部附近，不過在他處，砂岩分布的高度遠遠較低，在火山爆發之時，早就深埋在其他沉積物底下。因此，雖然聖彼得砂岩本身的岩層綿延數百英里，但它的年代並非處處皆同。概括來說，除了因區域或全球性的突發事件所形成的岩層，像是火山爆發或隕石撞擊等，橫向延展的沉積單位不一定有等時性，也就是未必可以用來標示同一時間線。相反的，這些沉積單位所記錄的是長期以來，整個地球表面的沉積樣貌，隨著海平面與環境條件改變而緩慢演進的歷程。以地質學用語來說，它們具有異時性，亦即橫貫了時間。

---

9 岩石所記載的地球演進歷程。

時間管理人

　　現今的地質年代表並不單指一張圖表，或甚至是多本專業論著，而是一座巨大的數據資料庫，由強大的國際地層委員會（International Commission on Stratigraphy，ICS）管理。國際地層委員會是國際地質科學聯盟（International Union of Geological Sciences）之中歷史最悠久，也是最重要的組織。該組織嚴格規範地質單位的命名及界定方式，並將各種露頭（outcrop，露出地面的岩床或沉積物）、岩層、化石、同位素年代、地球化學數據、分析協定等分類編目，期望透過不懈的努力，賦予地質年代更加清晰的面貌。

　　自一九七〇年代以來，國際地層委員會持續在世界各地尋覓特定的點位，以做為識別地質年代表各時期地層界線的國際標準。做為此用途的露頭，正式名稱為「全球界線層型剖面和點位」（Global Boundary Stratigraphic Section and Point，GSSP），但地質學家通稱為「金釘子」。這些點位必須具備露出完好的岩層，在生物地層對比上，含有橫跨兩個年代之間界線的化石，而且必須位於保護良好，不受到開發或毀壞的地點。在特定GSSP標示界線的確切地層，其所在地點的細節描述通常獨樹一格。舉例來說，標示白堊紀晚期（Upper

Cretaceous）之森諾曼期（Cenomanian）界線的金釘子露頭，位在法國阿爾卑斯山高處，起點在「利蘇山（Risou）南面，藍泥灰岩層（Marnes Bleues）表面下方的三十六公尺處」。[10]

地質年代表的基本時間單位（宙、代、紀），主要依據十九世紀英國地質學家的研究成果制定，而在古生代之中，各個紀的名稱有較濃厚的地域色彩，例如：寒武紀（Cambrian）取自威爾斯（Wales）的拉丁古名Cambria；泥盆紀（Devonian）取自以奶油茶（Cream Tea，下午茶的一種）著稱的英國德文郡（Devonshire）；石炭紀（Carboniferous）則根據英格蘭北部的含煤層命名。

但是再往下細分的世和期，其名稱則顯示出，後續地質年代的研究地區遍及了世界各國，例如：寒武紀的江山期（Jiangshanian）與古丈期（Guzhangian）；泥盆紀的艾菲爾期（Eifelian）與布拉格期（Pragian）；石炭紀的莫斯科期（Moscovian）與巴什基爾期（Bashkirian）。國際地層委員會好比時間國度的聯合國——扮演過往年代的國會，地質年代即

---

10 原注：International Commission on Stratigraphy: http://www.stratigraphy.org/index.php/ics-gssps.

是其管轄範圍。

　　而有點吹毛求疵的國際地層委員會，堅持地質年代（時間間隔）與年代地層（岩段）之間，應該要有細微但重要的區分。地質年代劃分為宙、代、紀、世、期，與之對應的年代地層單位則為宇、界、系、統、階。同樣的，提到地質年代單位（例如奧陶紀），應該用「早」或「晚」修飾，提到年代地層單位就必須用「上」、「下」來修飾。時間可以獨立於岩石（代表時機）之外而存在，但反之則不然。然而，時間會消逝，岩石則可恆久留存。

探測時間的深度

　　霍姆斯早期嘗試測定岩石絕對年齡時，世人甚至尚未知曉原子的結構及同位素的存在，這種情況就好比在發現基因與DNA之前，達爾文便對遺傳運作機制先知先覺。在這兩種情況下，霍姆斯與達爾文的遠見有何相關意涵與影響，都是其他學科經過多年的發展後，才有能力徹底探究。

　　直到一九三〇年代，學界才完全理解鉛同位素地球化學的複雜原理，或可以說是能將它「融會貫通」。一九二九年，拉塞福指出，鈾有兩種不同的母同位素，^{238}U與^{235}U，在長放

射衰變系列的末尾，產生兩種不同的鉛同位素（分別為^{206}Pb與^{207}Pb），且整體半衰期有很大差異（各為四十四‧七億與七‧一億年）。

之後沒多久，明尼蘇達大學的物理學家阿爾弗萊德‧尼爾（Alfred Nier）發現了另一種鉛同位素^{204}Pb為非放射成因鉛，也就是原本即是鉛，不是放射性衰變的產物。尼爾研發的質譜儀，成為分析同位素不可或缺的儀器，可將單一元素的同位素依據個別原子重量篩選出來。在發現^{204}Pb之後，尼爾體認到，應該可以利用這三種鉛同位素來測定岩石，甚至是地球的年齡。

在測定地質年代時，他意識到^{206}Pb與^{207}Pb大量存在，其成長模式應該可以用數學預測出來，而^{204}Pb的絕對量則維持不變。尤其值得注意的是，^{235}U半衰期較短，應會造成^{207}Pb存量在地球早期快速增加，但之後增加的速度趨於平緩，就像高利率的儲蓄帳戶雖然累積了收益，但也快速提領出來。與此同時，全球^{206}Pb的存量會因為^{238}U衰變較慢而持續累積，就像在較低利率帳戶賺取的收益，以較慢的速度提領（^{204}Pb的數量維持不變，就像藏在床墊下的錢）。

一九四○年，尼爾和他的學生正打算使用地質樣本來驗證這些設想時，他們的工作卻遭到中斷。這是因為恩里科‧費米

（Enrico Fermi）[11] 邀請身為德國移民之子的尼爾參與曼哈頓計畫（Manhattan Project）。這項計畫必須從不可分裂的^{238}U中分離出可分裂的同位素^{235}U。[12] 尼爾的質譜儀是唯一可以分離這兩種同位素的儀器，也因此，他的實驗室必須以不確定的未來為重，無法優先鑽研關於地質過往的問題。

然而，尼爾在戰後便立即著手測量在世界各地不同時期，方鉛礦（硫化鉛，PbS）礦床中的鉛同位素比例。方鉛礦是鉛的原生礦，顯然含有大量的鉛，但鉛在結晶過程並不會有鈾加入。這表示，方鉛礦中的鉛同位素比例不會隨著時間改變，而應當反映出在方鉛礦形成之時，環境中存在的各種特定鉛元素。一如尼爾所預測，年代較久遠的樣本，^{207}Pb/^{204}Pb與^{206}Pb/^{204}Pb的比例較低（來自「利息」的鉛相較於來自「床墊底下」的鉛）。如果地球在形成之初並沒有^{207}Pb或^{206}Pb，那麼這些比例就足以測定地球的年齡。但尼爾知道，地球在形成之時，幾乎可以肯定是從先祖太陽系的「銀行帳戶」繼承了一些累積下來的鉛「利息」。因此，要測定地球年齡，必須得知各種鉛同位素的原始比例。

尼爾也察知了一個較微妙的問題：縱使是極為古老的方鉛礦樣本，也不能代表地球整體的原始鉛比例。地球並不像一杯打勻的奶昔，是一座化學屬性均一的水庫。相反的，地球的屬

性會隨著時間大翻轉。在遠古時期，地球分化成一個鎳鐵金屬核心和一個岩石地幔。地幔含有大多數其他各種物質，包括地球上幾乎所有的鈾。自那時起，地幔反覆局部熔化，造就了地殼，而地殼的鈾含量遠勝於地球總體或地幔，好比一瓶生乳的表面凝結著一層乳脂。尼爾的看法是，雖然他的鉛同位素數據大致都符合預期模式，但由於地殼岩石中「過量」的鈾會衰變，產生額外的放射成因鉛（^{206}Pb與^{207}Pb），有些樣本可能已將這些鉛同化了，因此其演變模式並不完全與整個地球的鉛同位素相同。

　　到了一九四〇年代末，霍姆斯已成為愛丁堡大學的地質學教授，並主要轉為研究其他重要的問題（例如造山運動背後的驅動力），但他仍持續關注尼爾的工作進程，發現地球的年齡也許終於能透過他的研究成果測定出來。他對尼爾分析過的一

---

11 一九〇一～一九五四，美籍義大利裔物理學家，對量子力學、核物理、粒子物理以及統計力學都有傑出貢獻。曼哈頓計畫期間領導製造出世界首個核子反應爐，也是原子彈的設計師和締造者之一，被譽為「原子能之父」。費米擁有數項核能相關專利，並在一九三八年因研究由中子轟擊產生的感生放射性，以及發現超鈾元素而獲得諾貝爾物理學獎。

12 原注：關於尼爾在參與曼哈頓計畫前以及參與期間的工作狀況，可至以下網址收聽訪談：http://manhattanprojectvoices.org/oral-histories/alfred-niers-interview-part-1。

個特定樣本尤其感興趣，是從格陵蘭一個極為古老的岩石序列取得的方鉛礦，其鈾含量與鉛同位素比例都很低。霍姆斯向來採取從大處著眼、不拘泥於細節的思考模式。他肯做出一絲不苟的尼爾不願做出的假設，也就是格陵蘭方鉛礦的鉛同位素比例，與原始的整體地球鉛同位素比例相近。在概念上，要推算地球年齡很簡單：只要確定這些比例從地球初生時的原始值，演變成較年輕的方鉛礦礦床的數值，共需要多少時間。然而，實務上的數學運算極其困難，以致霍姆斯必須購買一部機械計算機來代勞。經過數個月冗長的運算，霍姆斯發表了他對地球年齡的最低估值：三十三・五億年。[13] 地質學家總算可以好好放鬆，享受奢侈的大把時光。

　　但在此刻，地質學家與物理學家心目中的時間尺度，出現了新的衝突。在一九二〇年代，由於愛德溫・哈伯（Edwin Hubble）觀察到星系的紅移（redshift）現象，宇宙膨脹（大爆炸）理論也受到採信。根據該理論，宇宙的年齡可以用簡單無比的方式來測定——事實上，相較於霍姆斯以鉛同位素的計算來判定地球年齡，這種方式幾乎可說是平凡無奇。只要測定星球與星系相對於地球的距離與遠離速度（距離／時間），就可以估算宇宙的年齡。此直線的斜率稱為哈伯常數，而斜率的倒數所代表的時間單位，即是宇宙的年齡。在一九四六年，當

霍姆斯宣稱地球的年齡超過三十億年，宇宙的年齡據稱只有
十八億年。14

地球化學家帶頭而行（為禁鉛奔走）

　　地質與天文時間尷尬的差異，在將近十年的時間內都未能
解決。但隨著對星球距離的估算更加準確，以及科學家能偵測
到離地球更遠處的星系，哈伯常數的接受值（accepted value）
降低，宇宙的認定年齡於是增加。接著，在一九四八年，芝
加哥大學一位出生於愛荷華州的年輕研究生，克萊爾・帕特
森（Clair Patterson），發現了可以用來解答地球年齡問題的新
方法。此時越發明顯的事實是，可以代表地球原始地殼狀態的

13原注：應該一提的是，有位俄羅斯地球化學家格寧（E. K. Gerling），與霍
　　姆斯幾乎同時進行了極為相似的運算，所得出的地球年齡是三十一億年。
　　但他的研究成果直到非常晚近才為西方所知。參考文獻：Dalrymple, G. B.,
　　2001. The age of the Earth in the twentieth century: A problem (mostly) solved.
　　In Lewis, C. and Knell, S., *The Age of the Earth from 4004 BC to AD 2002*.
　　Geological Society of London Special Publication 190, 205–221。

14原注：Brush, S., 2001. Is the Earth too old? The impact of geochronology on
　　cosmology, 1929–1952. In Lewis, C., and Knell, S., *The Age of the Earth from
　　4004 BC to AD 2002*. Geological Society of London Special Publication 190,
　　157–175.

岩石，可能根本沒有存留下來。霍姆斯以遠古格陵蘭方鉛礦的鉛同位素比例，做為最接近原始數值的參考值，但帕特森體認到，還有一個甚至更好的參考來源：天外飛石——隕石。

　　隕石是行星尚未形成前即已存在的物質，同時也是與地球和太陽系內其他天體同時形成的行星，在分崩離析後所遺留下的碎片。地球的岩石透過風化、侵蝕、變質、熔化等作用，不斷改變樣貌與再生。但大多數的隕石則不同，自太陽與各個行星形成以來，即處在太空的真空環境，未有絲毫變化。隕石在穿過大氣層或處於地表後，表面會形成一層薄殼，而這層薄殼可以剝除，展露出自太陽系初始時期便保留下來的原始物質。

　　帕特森的作法是取兩種類型不同、成分相異的隕石，分別用來代表太陽系中，鉛同位素的原始與現代參考值，然後進行和霍姆斯一樣的繁重運算。鐵隕石含有鉛，但不含鈾，可提供真實的初始數值。石質隕石則同時含有鉛與鈾，可提供現代地球總體狀況（打勻的奶昔）的數值，而且比任何地球上岩石可提供的數據還要可靠（參見圖五）。

　　這個作法同樣也是看似簡單，但實際進行起來得費上九牛二虎之力。帕特森發現，他無法從重複樣本中取得一致性夠高的鉛同位素數值來有效測定年代。在有系統地排除分析方法中

圖五：利用隕石測定地球年齡背後的邏輯

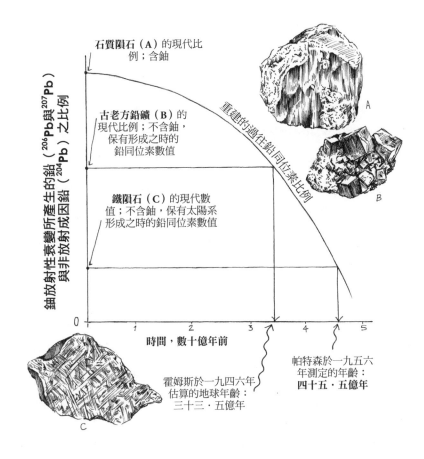

石質隕石（A）的現代比
例；含鈾

古老方鉛礦（B）的
現代比例；不含鈾，
保有形成之時的
鉛同位素數值

鐵隕石（C）的現代數
值；不含鈾，保有太陽系
形成之時的鉛同位素數值

重建的過往鉛同位素比例

鈾放射性衰變所產生的鉛（^{206}Pb 與 ^{207}Pb）
與非放射成因鉛（^{204}Pb）之比例

時間，數十億年前

帕特森於一九五六
年測定的年齡：
四十五・五億年

霍姆斯於一九四六年
估算的地球年齡：
三十三・五億年

的所有瑕疵後，他終於發現問題所在：實驗室含有太多的環境鉛（分布在工作台、設備、衣服、皮膚上），使得隕石樣本在接受分析前便遭到汙染。在將近八年的時間內，帕特森將研究據點轉移至加州理工學院，之後又移回伊利諾州──這次是移至阿貢國家實驗室（Argonne National Laboratory）──並在此設立了首座「無塵室」（現今在無數的科學與醫療設施已是不可或缺的配置），建有先進的空氣清淨及通風系統。一九五六年，他終於得出至今仍受到認可的地球年齡：四十五‧五億±七千萬年[15]（願達爾文在天之靈能夠安息）。

在解出自赫頓時代以來，眾地質學家與物理學家長久尋覓不得的終極答案後，時年三十一歲的帕特森離開了學術界。他之後終其一生為呼籲禁鉛而奔走；當時已知鉛是一種神經毒素，普遍存在於油漆、玩具、錫罐、汽油之中。能估算出地球的年齡，似乎是值得拿下諾貝爾獎的偉大成就，但地質學家甚至連被提名的機會都沒有。帕特森在一九九五年去世前，獲頒頗具聲望的泰勒環境成就獎（Tyler Prize for Environmental Achievement）。然而，對於一個來自愛荷華州小鎮，勇敢面對克耳文、哈伯、石油巨頭等巨人的男孩來說，這個獎項似乎並不足以表彰他的貢獻。

地質年代學臻至成熟

在尼爾、霍姆斯、帕特森及其他學者開創先河之後，地質年代學，也就是測定地質材料年代的科學，領域擴展到包含許多其他鈾鉛衰變系列之外的體系。在九十二種天然存在的元素當中，存在著數千種不同的同位素，而且大多數具放射性（只有二百五十四種是穩定的同位素）。但不是所有放射性的同位素都可以有效測定地質年代。首先，其半衰期必須足以匹配要測量的時間長度。許多同位素的半衰期只有數天或數秒，用它們來估量地質時間，就好比用一把三十公分的尺丈量阿拉斯加公路。此外，由於放射性物質呈指數衰變，每經歷一次半衰期，母元素就衰變一半，不管初始量有多少，經過約十次半衰期後，母元素便所剩無幾（就像無論紙張一開始有多大，能對摺的次數總是有限）。第二個條件是，在欲定年的任何岩石或礦物中，母同位素的濃度必須高到能夠測量，其所產生的子同位素的量，也必須能夠測量。所謂「可測量」的定義

15Patterson, C., 1956. Age of meteorites and the Earth. *Geochimica et Cosmochimica Acta*, 10, 230–277. doi:10.1016/0016–7037(56)90036–9.

已隨著時間而改變；不過，現今檢測儀器已更加精密，可以在礦物中偵測到濃度十億分之一，甚至是一兆分之一的元素。

　　第三個條件是，理想上，礦物在結晶時，子元素不應該被併入礦物的結構裡——同位素時鐘開始啟動——如此才能確知，在樣本中存在的任何子元素，是在結晶體成為封閉系統後，才由母元素的放射性衰變產生。這和要求學生在考試時使用他們痛恨的專用答題本背後的邏輯有點相似；使用答題本作答，可以確保學生是在進入教室，等門關上之後，才寫下試卷所有的答案（不過事實上，還是可以運用一些數學技巧來校正子元素的初始量，就像一位精明的教師可以察覺有人考試作弊一樣）。

　　最後一個條件則是，礦物結晶體中的子同位素，不應有易於逸散出來的傾向，儘管通常在此環境下，子同位素的屬性本來就與其他物質格格不入。擁有特定直徑與電荷的母原子，在礦物的原子晶格中通常能處於安穩狀態，與相鄰的原子和諧的鍵結在一起。但母同位素經過放射變質作用「蛻變」成子同位素後，便不再與晶「蛹」相容，變成全然不同的元素，尺寸和化學屬性都和之前相異。由於待在母元素的居所並不安適，子元素可能會試圖離開結晶體。倘若礦石日後在某個時點再度受熱，使得結晶體的結構變得較利於元素擴散，子元素逸散的可

能性就會提高。由於子母同位素比例是測定樣本年齡的依據
（參見五十四頁表一），子同位素如有任何逸失，就會造成測出
的同位素年齡過於年輕。

在這些嚴格的條件限制下，只有約六種母子同位素系統能
用來測定岩石年代（參見下頁表二）。這些母同位素是自地球
形成之時遺留至今的物質，從前身天體（precursor star）16 與
太陽系承繼而來，有些同位素的半衰期甚至長到不可思議的地
步。比方說，銣-87（^{87}Rb）的半衰期長達四百九十億年，不
但超過地球年齡，也超越宇宙的年齡（根據修正後的哈伯常數
所估算的結果，當今認為宇宙年齡為一百四十億年）。這並
非數字上的矛盾——這只代表自地球形成以來，銣-87僅經過
十分之一的半衰期，而且到目前為止，只有一小部分的初始
銣-87衰變成鍶-87（^{87}Sr）。但由於銣是在許多礦物中常見的
微量元素，銣-87與鍶-87的濃度都足以測量出來，可供地質研
究參考。

一些岩石如花崗岩，含有兩種以上的礦物，可個別運用不
同的母子同位素系統定年，而且這些礦物的測定年齡通常各不

16前身天體是恆星。

表二　最常用於地質測年的母子同位素組合

母同位素	子同位素	半衰期（百萬年）	母同位素	子同位素	半衰期（百萬年）
^{238}U	^{206}Pb	4,470	^{40}K	^{40}Ar	1280
^{235}U	^{207}Pb	710	^{147}Sm	^{143}Nd	106,000
^{232}Th	^{208}Pb	14,000	^{176}Lu	^{176}Hf	36,000
^{87}Rb	^{87}Sr	48,800	^{187}Re	^{187}Os	42,300

資料來源：Values from Faure, G., and Mensing, T., 2012. *Isotopes: Principles and Applications*. New York: Wiley.

相同。年輕地球論者也利用此種地質觀測結果來作文章，試圖「揭穿」地質年代表的「真相」。然而，像是花崗岩等火成岩，是岩漿在地底深處緩慢冷卻凝固而成，倘若當中所有礦物的同位素年齡都一模一樣，反而才會令人驚訝。箇中原因在於，各種礦物的封存溫度（結晶的「大門」封閉，使同位素不再擴散的溫度），視各個礦物種類中的各個母元素而各不相同。知曉這些特定封存溫度，可詳盡重建地下岩漿體，亦即深成岩體（pluton，以羅馬神話中的冥王普魯托〔Pluto〕命名）的冷卻歷程。

　　舉例來說，以優勝美地國家公園（Yosemite National Park）圖奧勒米郡（Tuolumne）的花崗岩為樣本，用鈾鉛、銣鍶、鉀

氬等定年法綜合測定其中所含礦物的結果顯示，這些礦物有三百多萬年的時間，溫度是維持在攝氏三百三十九度以上。17 這些形成今日內華達山脈（High Sierra）高聳山峰的花崗岩，曾經是侏羅紀時期巨大火山的岩漿庫，之後經過了長期侵蝕。了解岩漿管線系統可能活躍的時間有多久，有助於預測黃石（Yellowstone）等地區火山爆發的風險；黃石地區的泥沸泉及間歇泉，暗示著地底世界動盪不安的景況。

放射性碳定年法

在用來定年的同位素之中，以碳-14（^{14}C）最廣為人知，它有多種怪異的屬性，和其他母同位素也有幾項重大的差異。碳-14半衰期極短，只有五千七百三十年，無法用來測定年齡大於約六萬年的物體的年代（因此在地質學上的應用有限），而且不屬於原始同位素——經過四十五億年後將不復存在。反之，碳-14是一種宇宙源同位素，在宇宙射線（來自太

17原注：Coleman, D., Mills, R., and Zimmerer, M., 2016. The pace of plutonism. *Elements*, 12, 97–102. doi:10.2113/gselements.12.2.97.

空的高能輻射）的作用下，於地球的大氣層反覆形成。一般認為宇宙射線主要來自久遠前的超新星事件，也就是恆星在演化末期劇烈爆炸而形成超新星（產生可能融入未來行星系統的新元素及同位素）。基於對長期暴露在宇宙射線的擔憂，機師及空服員每年長途高空飛行的次數通常會有所限制。

　　碳-14是在大氣層高空的氮-14（^{14}N）原子受到宇宙射線撞擊所產生，而撞擊時的力道足以將質子撞出氮原子核之外。這些碳-14一部分飄散到地表，進入光合作用系統（藻類、植物），以及攝食這些藻類、植物的生物（魚、菌類、羊、人類）體內。只要動植物活著、進行光合作用、呼吸及／或進食，其含有的碳同位素種類（穩定的^{12}C與^{13}C，以及放射性的^{14}C），將反映出碳在環境中的相對含量。但生物死後，遺體內的碳存量就固定不變，放射性的碳-14會逐漸減少，而穩定的碳同位素會留存下來。相較於其他同位素定年法，也就是利用子母同位素比例來測定樣本的年齡，碳-14定年法是根據碳含量的活性來測定年齡，亦即每單位時間每克碳的衰變事件數。其原理在於碳-14會衰變而回復成氮-14，因此產生的氮氣通常不會留在樣本之中。

　　碳-14定年法是考古及歷史研究的重要工具，可用來測定各式各樣含有生物碳的材質的年代，包括木頭、骨頭、象

牙、種子、貝殼、亞麻布、棉花、紙張、泥炭等。甚至連海水都能定年，因為其中溶有少量的二氧化碳。有些北太平洋深處的海水利用碳-14所測定的年齡達一千五百年[18]，表示這些海水在先知穆罕默德誕生之前即未與大氣層互動。

但是與地質年代定年的結果相較，碳-14定年結果的不確定性相對較大，因為碳-14在高層大氣的產生速率會隨著時間變化，其中一個影響因素是地球磁場的波動。地球磁場能形成一道屏障，減輕宇宙射線對地球的衝擊。碳-14定年法所鑑定的年代，可利用樹木的年輪來校正。用年輪測定年代雖然技術層次不高，但相當可靠。這是因為一棵樹在某一特定年分，只有外圍的部分會積極與環境交換碳。因此，每道年輪的碳-14年代各不相同。若以活樹與保存在沼澤及考古遺址中的古木為樣本，將前者最老的年輪與後者最年輕的年輪分析比對，找出之間的關聯性，所鑑定的年代可回溯至一萬多年前，碳-14的定年結果便可據此校準。

---

18 原注：Gebbie, G., and Huybers, P., 2012. The mean age of ocean waters inferred from radiocarbon observations: Sensitivity to surface sources and accounting for mixing histories. *Journal of Physical Oceanography*, 42, 291-305. doi:10.1175/JPO-D-11–043.1.

　　以珊瑚（由碳酸鈣CaCO₃組成）的生長帶做為定年的參考
依據，雖然準確度略不如樹木年輪，但可校正更久遠的碳-14
年代。儘管如此，碳-14定年結果還是有很高的不確定性，誤
差在數百至數千年之間（物體實際年齡的5%至10%）。

　　人類的兩種作為，也使得放射性碳定年法的問題更形複
雜。其一是，冷戰初期在地面上進行的核爆測試，將大量的
碳-14注入大氣層，所以極晚近樣本的數據必須據以校正。這
也是為何碳-14定年法通常以一九五〇年起以前的放射性碳年
數來表示。其二則是，人類燃燒含有「死」碳元素的化石燃料
達一世紀，已改變了大氣中同位素值的混合比例。奧地利物理
學家漢斯・蘇斯（Hans Suess）於一九五五年率先發現 19 此種
現象（在美國進行曼哈頓計畫之時，蘇斯也正參與德國的核子
計畫），因而稱為蘇斯效應（Suess effect）。儘管冷戰期間所
增加的碳-14將慢慢消散，蘇斯效應只會有增無減。

放浪的子同位素

　　在一九五〇年代末及一九六〇年代，質譜儀在學術圈變得
更加普及，地質年代學發展成熟，成為一門新的分支學科，
設有專門的科系及碩士學位學程。母子同位素鉀-40與氬-40

（^{40}K-^{40}Ar）的組合，是率先廣泛運用於地質定年的同位素系統之一，因為鉀大量存在於許多火成岩和變質岩當中，即便是精確度較低的儀器，也能同時探測到母子同位素。熱歷程（thermal history）單純的年輕岩石，仍可利用原本的鉀氬定年法有效測定年齡鉀氬定年法依然深具重要性。舉例來說，在岩漿活動劇烈的東非大裂谷（East African Rift Valley），可以找到剛好埋在火山灰層之間的人類祖先化石，像是「露西」（Lucy）等，而含有這類化石的沉積物，便需要用鉀氬定年法來測定年齡。

鉀氬系統的問題在於，子母同位素屬性有明顯差異。鉀是體積大且具有親和力的離子，很樂意將電子分享給其他元素，而氬是體積小巧、獨來獨往的惰性氣體，電子殼層保持飽合狀態，很難和任何物質發生反應。因此，只要一有機會——例如位於晶體邊緣而有利於逸散；晶體有裂縫而提供了一條出走的捷徑；溫度升高促發變質作用，使晶體敞開大門而容許元素擴散——子同位素氬的原子便會外洩出去。如此一來，所估算出的原生礦物年齡將較真實的地質年齡年輕，但究竟差距多

19原注：Suess H., 1955. Radiocarbon concentration in modern wood. *Science*, 122, 415–417.

少並無從得知。上下誤差值所反映的，是分析結果因實驗室儀器的限制所產生的不確定性，而非此法測定的年代實際上不精確。

　　鉀氬定年法的局限在一九六○年代開始越發明顯。當時用此法來測定加拿大地盾（Canadian Shield）古老岩石的年齡；加拿大地盾曾經歷過多重階段的漫長變形與變質作用。用此法測定的年齡，有時會與表徵著岩石相對年齡的野外地質證據互相衝突。

　　在某些情況下，氬從地下深處的礦物中大量滲出，滯留在毗連的岩石內，導致鉀氬測定的年齡實際上過老。年輕地球創造論者仍舊抓住這些測年的不定性來作文章，暗示地質年代學的整套體系充滿了難以彌補的漏洞。但到了一九七○年代，地質年代學家以鉀氬定年法為本，發展出一套效用強大的定年法，不僅可測出更精確的年齡，也能判知是否有氬流失（或新增）的狀況。

　　新的定年法是以中子撞擊含鉀的樣本，將樣本內的^{40}K轉換成氬壽命較短的同位素，也就是^{39}Ar，然後用它代替母同位素。接著在實驗室將樣本緩慢加熱以模擬變質作用。兩種氬同位素，亦即代表母同位素的^{39}Ar，以及放射衰變所產生的子同位素^{40}Ar，會開始滲漏出來。在溫度遞增之下，晶體開始

散發出更多的氬，研究人員會分批捕獲這些氬並加以分析。^{40}Ar/^{39}Ar的比例（真確的子母同位素比例）便可用來測定樣本在每個階段的表觀年齡（apparent age）。前幾個捕獲的氬樣本來自晶體外側，也就是礦物中的非大氣氬（geologic argon）最容易逸散之處。這些外側樣本測出的年齡，通常較來自晶體內部的樣本年輕。若以持續加熱方式測得的表觀年齡，穩定維持在一個一致的值——地質年代學家稱之為「^{40}Ar/^{39}Ar高原年齡（plateau age）」——則有充分的理由推斷，晶體的內部未曾有大量的氬逸失，而此年齡為有效的地質年齡。

命運之日

在氬氬定年法的應用上，最著名的可能要數確認白堊紀末隕石撞擊地球時形成的大隕石坑，而恐龍就是在這場撞擊中滅絕。隕石造成恐龍滅絕的假說，是一九八〇年由學術界的一對父子檔，也就是路易斯・阿爾瓦瑞茲（Luis Alvarez）與華特・阿爾瓦瑞茲（Walter Alvarez）率先提出。路易斯是榮獲諾貝爾獎的物理學家，其子華特則是任教於柏克萊加州大學的地質學家。華特之前一直在義大利中部的亞平寧山脈進行研究。此處的地殼捲曲成新生的山脈，將中生代末與新生代初的海相

石灰岩層序推升至海平面之上。[20] 當中包含名為Scaglia Rossa（即「紅色岩石」之意）的岩層，它是美麗的粉紅色石灰岩，義大利眾多房屋、城堡、大教堂皆呈現此種色澤。而此岩層完整記錄了在白堊紀時，恐龍滅絕事件之前、中、後的海洋狀況。此種粉紅色石灰岩是在非洲大陸棚的海床沉積而成，因此並未含有恐龍的骸骨，但大自然環境及微生物化石數量的驟變，以及一層特殊的半英寸厚暗紅色黏土，都清楚記錄著這場恐龍滅絕事件的始末。

　　華特想知道，這層默默見證世界末日的黏土所代表的期間有多長。他的父親路易斯也曾參與曼哈頓計畫，可以使用勞倫斯柏克萊國家實驗室（Lawrence Berkeley Laboratory）的一部儀器，它能在材質中偵測到濃度僅十億分之一（ppb）的微量元素。他建議測量邊界黏土層內，鉑族特定稀有金屬的濃度，例如銥等；這些金屬主要是隨著緩慢但持續飄降的微隕星塵（micrometeoritic dust，由於許多微隕星塵具有磁性，你甚至能在自家屋頂收集到累積幾個月的星塵[21]）散落到地球表面。

　　我們可從南極冰芯中得知這些金屬「雨」在過去七十萬年的平均飄落速率，而假設此速率與白堊紀時大致相同，測量邊界黏土層的金屬含量，即可估算出該黏土層是歷經多久的時

間沉積而成。此估算邏輯，與維多利亞時代試圖反駁克耳文的地質學家使用的邏輯，實質上是相同的：將沉積物質（沉積物，或銥）的總量加總起來，然後除以沉積速率的最佳估值，以估算出所歷經的時間。

為了了解銥的背景濃度（background concentration），阿爾瓦瑞茲父子倆分析了距離相近的樣本。這些樣本不但取自黏土層，也取自邊界黏土層上下方的石灰岩。他們發現銥的濃度在下方的石灰岩層是約0.1 ppb，在黏土層則是超過了6 ppb。濃度的絕對值看似不大，但在岩層之間異常飆升六十倍之多，可謂相當驚人。此種現象只有兩種解釋：一，黏土層經過了極長的一段時間才形成，在這期間有微隕星塵緩慢飄落，但少有正常的沉積物累積在此；或是二，有極大量的微隕物質，透過直徑達十公里的物體一次全部傳送至地球。兩種情形都不太可能發生，但若兩相比較，第二種情形似乎更不可能發生。

20原注：關於亞平寧山脈地質的感性敘述，請參見以下著作：Walter Alvarez, 2008. *In the Mountains of St Francis*. New York: WW Norton.

21原注：Genge, M., et al., 2016. An urban collection of modern-day large micrometeorites: Evidence for variations in the extraterrestrial dust flux through the Quaternary. *Geology*, 45, 119–121. doi:10.1130/G38352.1.

　　然而，此種「天外飛來一筆」的解釋，與深植於地質學的均變說思維背道而馳，也牴觸萊爾反對用災變論來交代地質現象成因的主張。此外，看來似乎相當薄弱的證據──在某個淺薄的黏土層有一種奇特的元素少量增加──對於眾多窮盡一生研究化石紀錄，期望找出白堊紀大滅絕事件線索的古生物學家來說，並不足以令人信服。但是，在全世界其他露出白堊紀最晚期岩層的地點，也觀察到類似的銥異常增加現象，隕石說於是受到了重視。新的問題變成：隕石坑在哪裡？

　　到了一九八○年代末，一連串玻隕石（在強力撞擊下，岩石融化所形成的球狀與淚珠狀玻璃物體）的蹤跡顯示，白堊紀末「原爆點」最有可能落在加勒比海地區。但直到一九九一年，也就是在原來的隕石撞擊假說提出後逾十年，才找到約略年代及大小相符的隕石坑──其為一塊寬度達一百九十公里的凹地，大部分埋藏在墨西哥尤卡坦半島（Yucatan Peninsula）北岸較年輕的沉積物之下。這座隕石坑擷取最鄰近的海濱村莊名稱，命名為希克蘇魯伯（Chicxulub）隕石坑。研究人員在隕石坑中心鑽取岩芯，從中取得原地熔融而成的玻璃，以氬氬定年法測定其年齡，並在隔年發表結果。對於仍懷疑此處是否就是這場大災變所在地的地質學家來說，定年結果將足以改變他們的想法。所取得的三個樣本的 $^{40}Ar/^{39}Ar$ 高原年齡加權平均數

為六千五百零七萬年±十萬年——正吻合國際地層委員會定義的白堊紀末時間。[22]

剖析前寒武紀

綜觀地球歷史，恐龍好比集眾人目光於一身的名流，明明還有其他多不勝數的重要大事應該報導，卻獨占媒體不成比例的版面。我雖然認為所有的岩石都相當重要，但也必須承認自己的確有些偏好。加拿大地盾是北美大陸古老的核心地帶，地盾的邊緣就是我的成長之地。因此，我深深偏愛背後至少有十億年歷史的岩石。就像紅酒與乳酪一樣，岩石年分越古老就更別具風姿，醞釀出更濃郁的味道與特色。

首先，以大多數前寒武紀的岩石來說，其存續時間如此久遠，足以至少經歷過一次的地殼隆起，被帶往遠離原生地的深處，然後克服萬難，又輾轉回到了地表上。年輕的岩石由於經歷平鋪直敘，解讀起來很容易，但它們通常只有一個故事可

22原注：Swisher et al., 1992. Coeval ^{40}Ar/^{39}Ar ages of 65.0 million years ago from Chicxulub Crater melt rock and Cretaceous-Tertiary boundary tektites, *Science*, 257, 954–958.

講。最古老的岩石往往比較難以捉摸，甚至晦澀難解，以形式多變的隱喻講述自身的故事。然而，只要有耐心並仔細傾聽，便能理解這些岩石所說的話，而且通常能從中了解到更多深澳的道理，體會何謂堅忍不拔的精神。

甚至在帕特森計算出確切的地球年齡之前，從前寒武紀岩石測得的同位素年代便已顯示出，維多利亞時代根據化石所編制的地質年代表，是如何大幅扭曲地質學家的地質時間觀念。寒武紀最早期岩石的年代是約五億五千萬年，但加拿大地盾的岩石所測出的年齡超過二十億年。以地球年齡四十五億年來推算，則帶有半神祕色彩、一度被認定是地球幼年期的前寒武紀，實際上涵蓋了地球的幼年、青少年及大多數的成年期——占地球總年齡的九分之八。即使在今日，依然可見過度強調顯生宙（Phanerozoic）的積習。顯生宙意指有「顯著的生物出現」的年代，亦即從寒武紀以至現今這段時期。大多數的歷史地質學教科書在介紹前寒武紀時，仍只以一、兩個章節敷衍帶過，接著便快速轉進「真正」的歷史章節。不過已具備高精準度的地質年代學知識，尤其是新一代的鈾鉛分析法，正一點一滴校正此種執拗的時間偏見。

正如一般人對自己誕生的情景，或是出生第一年的生活毫無記憶，地球也未留下它形成之時或初期的直接紀錄。地球本

身過往的歷史，肇始於四十四億年至四十二億年前隱晦不明的篇章。處於澳洲西部荒蕪之地的傑克丘（Jack Hills），在其古老的砂礫層中，保存著粒狀的鋯石結晶。這些微小的鋯石晶體記錄著地球最原始的面貌。自二〇〇一年《自然》期刊（*Nature*）一篇如今已聞名於世的論文宣布發現古鋯石以來，學界便不斷熱烈爭辯，這些地球最古老的物體究竟有何重要性。[23]

鋯石具有強大的耐久性，是地質年代學家首選的研究對象（霍姆斯初次測定地質年代便是採用此種礦物）。鋯石在結晶時會接受鈾進入其晶體結構，但會排斥鉛。由於鈾有兩種放射性母同位素會衰變成不同的鉛子同位素，其本身即可交叉驗證是否有任何子同位素流失。如果$^{206}Pb/^{238}U$ 與$^{207}Pb/^{235}U$的年齡相稱，則稱為諧和年齡，可有效證明未有鉛元素流失。利用鋯石鈾鉛諧和年齡來定年，有驚人的準確度：最古老的傑克丘鋯石所測出的年齡是四十四億零四百萬±八百萬年，不確定性只有0.1%，相對準確度遠高於碳-14定年法。然而，即使鉛元素

---

23 Wilde, S., Valley, J., Peck, W., and Graham, C., 2001. Evidence from detrital zircons for the existence of continental crust and oceans on the Earth 4.4 Gyr ago. *Nature*, 409, 175–178. doi:10.1038/35051550.

流失，還是有資訊得以保存下來；針對某塊岩石內年齡不諧
和的鋯石進行統計分析，不僅可得出其結晶年代，而且通常
也能得知導致鉛流失的變質事件發生的年代。

　　此外，鋯石是相當強韌的礦物，抗磨蝕與腐蝕的能力勝過
其他礦物，熔點也極高，因此縱使經歷變質作用，也不會流
失它早期的「記憶」。正如地質年代學家常說的「鋯石恆久
遠」（相形之下，鑽石是在高壓的地幔中形成的礦物，雖然
過程緩慢，但終究還是會不敵自然的作用，變回地表上的石
墨）。古老的鋯石晶體通常具有同心圓般的環帶，與樹木的年
輪幾乎一模一樣──晶體的核心記錄了其最初從岩漿結晶成礦
物的歷程，而相繼生成的環帶，則反映出礦物在後續變質事件
中的成長歷程（參見圖六）。目前最先進的質譜儀是高解析度
二次離子探針質譜儀（Super High Resolution Ion Microprobe，
簡稱SHRIMP），它可針對寬度僅十微米，比一根頭髮的寬度
還要窄的個別「成長環帶」，探知其同位素比例。從傑克丘的
鋯石測得的年代極為古老，這是因為晶體內部有複雜的外延增
生（overgrowth）現象。正如一棵古樹的年輪可能含有一整個
地區的氣候紀錄，一顆具有環帶的古鋯石晶粒，也能記錄一座
大陸的地殼變動史。

　　傑克丘的鋯石晶粒年齡本就令人驚嘆，而若進一步考慮

圖六：具有成長環帶的鋯石結晶

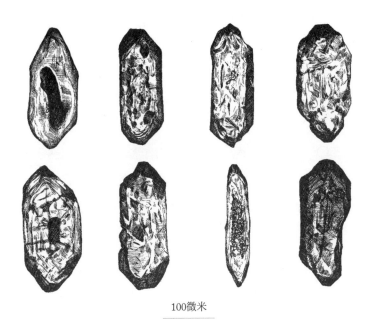

100微米

到，鋯石幾乎只產於構成大陸地殼的花崗岩及類似的火成岩之
中，並且在其結晶過程中生成，就更令人訝異了。花崗岩代表
著「進化」的岩漿，也就是說，如果在地幔（所有地殼岩石最
初的來源）只經過單一階段的熔融作用，是難以形成其岩體
的。現今，花崗岩主要生成在隱沒帶的火成岩，如瑞尼爾山

（Mount Rainier）等，是原先存在的地殼發生局部熔融現象時所形成，過程中通常有水存在（第三章會再詳細討論）。因此，如果傑克丘的鋯石是透過現今的方式形成，這些鋯石的存在揭示了驚人的可能性，那就是更早期的地殼，在地球誕生後的前一億五千萬年內，即已重複著形成、冷卻、再熔化的過程。同樣令人訝異的是，古鋯石中不同氧同位素之比例，顯示出當初結晶成鋯石的岩漿，是與相對冷冽的地表水相互作用。二〇〇一年《自然》期刊論文的作者群，在總結部分跳脫科學的傳統窠臼，根據一些比跳蚤還要小的晶粒大膽主張，在四十四億年前，地球上不但有大陸和海洋，而且若地表還有水，也許甚至有生物存在。

思若行星

　　探討傑克丘鋯石的論文，是所有地質學文獻中最廣受引用的文章之一。該篇論文卓然體現了同位素地球化學領域一個世紀以來的研究成果，必須運用到當時最先進的分析方法。然而，文中做出大膽的歸納推測，並對均變說多有推崇，其精神與現代地質學的開山之作赫頓的《地球理論》極其相似。事實上，是否應全然從均變說的角度來看待早期的地球，是目前地

質學家之間熱烈爭辯的主題。有十分有力的理由暗示著，地球最初二十億年的運轉形態和往後是有所不同的。

　　但尚待完成的地質時間地圖，從西卡角、希克蘇魯伯隕石坑到傑克丘各階段的演進歷程，清楚顯示出，繪製時間地圖正是需要發揮施與受精神的人類作為。而此過程集結了眾人之智，包括高瞻遠矚、不過於拘泥小節的思想家，如赫頓與萊爾；觀察敏銳的化石獵人，如威廉·史密斯；可貫通各領域學識的博學之士，如達爾文與霍姆斯；一絲不苟的儀器研發專才，如尼爾與帕特森；各方管理機構，如國際地層委員會；以及眾多實際在田野辛苦繪製地圖的無名人士（包括一些正修習入門課程的新手），他們了解時間與時機的意涵，以及如何讓岩石轉變成「動」詞。

第3章
地球的步伐

轉瞬即逝的地貌

我所記得求學時代最早的回憶之一，是觀看一部關於敘爾特塞島（Surtsey）如何形成的影片。敘爾特塞島是冰島外海的一座火山島，在一九六三年末開始從大西洋中徐然升起。從這部黑白影片當中，可以見到火山噴發出的環狀蒸氣與灰屑，是如何創造出一個尚未出現在任何地圖，由黝黑火山渣形成的全新世界。首先注意到火山爆發的是一位船長。他起初還以為是另一艘船著火了。在當時善感的小小年紀，見到一塊新土地可以憑空而生，著實令我興奮不已；這表示在地球木然冷酷的外表下，潛藏著一股不為人知的生命力。

　　在一九六三年至一九六七年之間，敘爾特塞島從海平面下一百三十公尺的一座海脊，壯大成凸出於海平面逾一百七十公尺的錐狀小島。島面積最大時曾達到約一平方英里。但火山爆發停歇後，該島即隨著風化侵蝕及地殼沉降、下陷而飛快削減，速度和形成之時幾乎不相上下。今日，敘爾特塞島僅剩大約一九六七年面積的一半，預計在二一〇〇年前將會完全消失（視海平面上升速度而定，有可能更快）。不知為何，對我這個依然善感的中年人來說，目睹敘爾特塞島由興到衰的生命歷程──一個陸塊誕生、進入青少年期、經歷短暫的壯年，再面臨無可避免的衰亡──心緒還是有點難安。

　　對赫頓、萊爾、達爾文來說，大多數的地質作用似乎慢到難以察覺，而數十年來，地質學家反覆將此種觀念灌輸給大眾。但時至今日，地質年代研究已具備高精準度，而且人類已經能直接透過衛星從太空觀察地球各種作用的發生過程。再加上一個世紀以來監控地球「生命徵象」的結果，包括氣溫、降雨量、江流、冰川動態、地下水蓄存量、海平面、地震活動等，往日許多人類似乎無法直接觀察到的地質作用，如今已經能即時記錄下來。我們也漸漸發現，地球的步伐並不如先前所想像的緩慢或恆定。

地球上的玄武岩

赫頓當初頓悟到，與人類的壽命相比，地球的年齡可謂無窮無盡，是因為他發現西卡角的不整合面，代表了一座山脈從形成到再度傾斜、夷為平地所需的時間。所以這整個過程究竟要花多久的時間？造山運動背後的力量，直到赫頓去世後約一百七十五年才為人所知──事實上，約莫是在敘爾特塞島於一九六○年代誕生之際。當時板塊構造學說終於解釋了固態地球的運作機制。今日我們已經知曉，山脈成長的速度，最終取決於海洋盆地的形成與消滅。

大陸地殼是由多種不同類型的岩石混雜組成，岩石年齡與個別歷史包羅甚廣。但海洋地殼就不一樣了，結構單純，而且具有同質性，全部都是由玄武岩（形成敘爾特塞島的黑色火山岩）所組成。此外，生成方式也都一模一樣：在高聳的中洋脊地帶，海底火山裂縫的下方，透過地幔的局部熔融作用生成。與小說和電影怪奇的描述相反，地幔（占地球體積80%以上）並不是一缸沸騰的岩漿，而是由固態的岩石組成──雖然它的確流淌過各個地質年代。

每隔幾億年，地幔會透過熱對流作用，如一座巨大的熔岩燈般上下翻轉內部的物質：在其深處較炙熱、浮力較大的岩石

會上浮，而溫度較低、密度較大的岩石則會往下沉。地幔對流是地球的主要散熱機制（一反克耳文勳爵的錯誤假設；他認為地幔是靜態的，地球自形成以來，是透過傳導作用冷卻下來）。霍姆斯是率先提出地幔對流說的學者之一，他於一九三〇年代主張此說；今日，以高壓狀態模擬地幔深處礦物運動模式的實驗結果顯示，地球內部岩石對流是必然發生的現象。

　　一般認為，中洋脊是地幔對流的上湧處。在此，地殼受到拉伸而變薄，下方會有炙熱的岩石流湧升。然而弔詭的是，直到上升的岩石大致散熱完畢才會有岩漿形成。所以在近地表處依然為固態的地幔岩石，是透過什麼作用而熔化？箇中的機制可說是有違常理——岩石不是受熱，而是因為壓力下降而熔化。岩石和水不同。水是完全反常的化合物，多數人從中理解到的是三態變化的概念。但岩石的屬性和正常物質一樣：熔化時會膨脹，冷凝時會收縮。

　　這表示如果在地球特定深處，一塊岩石的溫度已趨近其熔點，而岩體受到減壓作用（例如上升至近地表處），則會傾向轉變成密度較低的狀態，也就是熔化，從而形成岩漿。此現象稱為減壓熔融（decompression melting）作用，只要減壓速度快於降溫速度，即使岩石實際上正在冷卻也有可能發生（對滑雪及溜冰人士來說，減壓熔融的概念尤其難以理解，因為水所

呈現的相反物理現象——壓力「升高」時,冰塊會融化——是冬季運動時,地表會溼滑的基礎原理)。

今日的地球,在透過地幔對流冷卻四十五億年後,上湧的地幔岩石未帶有足夠的熱力促成大規模的熔融狀態。反之,在洋脊處的岩漿,是在地幔岩石中熔點最低的組成物質,因此發生的局部或分化熔融作用,產生了玄武岩岩漿。玄武岩成分不同,與其母岩,也就是地幔相比,二氧化矽、鋁、鈣的含量較高,鎂的含量較低。

每當新一批玄武岩岩漿向上湧出,填滿大洋裂谷中線之際,前幾批岩漿已再度冷凝成岩石。這些岩石會受到推擠而向兩旁對稱移動,促使海洋擴大,此一過程稱為海底擴張(參見下頁圖七)。最新迸發出的玄武岩,與略早之前凝結而成,被其推擠到兩側的岩石相比,溫度較高且密度較低。各批岩漿從其在裂谷的原生處外移時,會依序冷卻。這是中洋脊像剛出爐的舒芙蕾般高聳於海床的原因。事實上,在一九六〇年代初,即海底地圖剛問世之時,啟迪板塊構造學說的線索之一,是洋脊的橫斷面基本上是兩相對稱的冷卻曲面——形狀好比兩塊緊貼並排在地板上的滑雪板。

圖七：中洋脊、海底擴張、地磁反轉示意圖

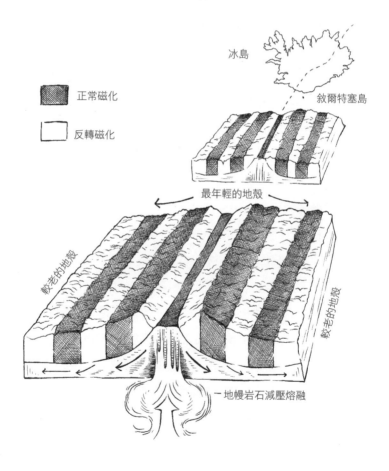

地圖狂想曲

讓我們暫停腳步思量一下，占據地球表面大部分面積的深海海底，直到二十世紀中才有地圖問世，是多麼的令人難以置信。即使在今日，大部分海底地形的解析度也只有約三英里；相較於目前金星與火星表面的地圖，海洋的等深線圖「更模糊」約一百倍。[1]而更令人難以置信的是，首批涵蓋地球三分之二地區的地圖，是由一人幾乎憑一己之力繪製完成，但一般的地球公民卻對此人一無所知（而製圖資歷存疑的亞美利哥・維斯普奇〔Amerigo Vespucci〕[2]反而有兩座大陸以他為名）。

---

1 原注：在尋找馬來西亞航空370號班機殘骸時，更加凸顯了海底地形詳細資料的匱乏。該班機二〇一四年三月在印度洋某處消失無蹤。二〇一六年，由地球物理學家組成的國際團隊，在澳洲西方約一千英里處的地區，沿著一百英里寬、一千五百英里長的狹長地帶，進行回音測深作業。測深結果發現了許多先前未知的破裂帶、陡崖、滑坡、火山中心，但沒有消失班機的蹤跡。詳細資料可參見：Picard, K., Brooke, B., and Coffin, M., 2017. Geological insights from Malaysia Airlines Flight MH370 search. *EOS, Transactions of the American Geophysical Union*, 98. https://doi.org/10.1029/2017EO069015.

2 一四五四～一五一二，佛羅倫斯商人、航海家、探險家和旅行家，美洲是以他的名字命名。他在考察巴西與西印度群島後提出這是一塊新大陸，而當時的歐洲人（包括哥倫布）都認為這塊大陸是亞洲東部。

　　這位遭到埋沒的製圖師是瑪麗·薩普（Marie Tharp）。她在密西根大學獲得地質學碩士學位，於一家石油公司短暫任職，之後在一九四八年受雇於哥倫比亞大學的莫里斯·尤因（Maurice Ewing），在他主導的新海洋學計畫擔任製圖師。[3] 在數年的時間之中，尤因底下全由男研究生組成的研究小組負責蒐集海床的聲納探測資料，薩普則是辛苦地將線性的深度讀數資料串，轉換成立體的海底地形圖。

　　薩普精美的陰影地形圖，是以筆墨費力描繪而成。而地形圖顯示出，先前世人認為地形平坦單調的海床，有著崎嶇不平、環繞地球的海底山脈，以及深不見底的海溝。到了一九五三年，她發現到所有高聳的海脊，中央都有下陷的凹谷，並推測這可能是地殼拉伸的證據。她將這個想法告訴尤因研究團隊的另一位成員，布魯斯·希森（Bruce Heezen），但被他斥為「女子之見」。

　　不過，希森與薩普之後在哥倫比亞大學成為合作無間的夥伴，共同繪製出一系列的海底地圖，革新了地質學家對地球的看法。一九六三年，兩位英國的地質學家在發表於《自然》期刊[4]的一篇論文中，首次闡述了海底擴張的概念（敘爾特塞島正演示著這個過程）。希森——以及其他地質學界成員在很久之後——終於承認薩普當初的主張是對的。

　　撰寫這篇一九六三年論文的佛德烈克・范恩（Fredrick Vine）與德拉蒙德・馬修斯（Drummond Matthews），是根據概念性的幾何論證提出海底擴張說，而非第一手的地質觀察結果（學界待十年後才有能力對海脊直接進行觀察或取樣）。范恩與馬修斯不但能參看薩普繪製的地圖，也能取得美國及皇家海軍關於海底岩石磁性的數據。他們發現海脊的地貌及磁力強度讀數，均從脊峰線向外呈鏡像對稱分布，也就是磁性相仿的岩石帶，在海脊兩側形成平行的條帶（參見一〇〇頁圖七）。海脊的高度從頂端陡降而下，活像是消瘦的舒芙蕾，或是冷卻收縮的岩石。對稱排列的磁性條帶顯示出，在海脊處相繼形成了不同世代的海洋地殼，而其冷卻後，當中含鐵的礦物可按周圍磁場的方向排列。接著地殼便彷彿是在一條巨大的貨物輸送帶上，被一分為二，向外側移動。同時，地球磁場的極性一再發生反轉現象，磁北極和磁南極的位置互調，沒有週期可循（這是此篇僅有三頁長的論文所提出的第二項革命性推

3　原注：關於瑪麗・薩普不凡的生平可參見其傳記：*Soundings: The Story of the Remarkable Woman who Mapped the Ocean Floor*, by Hali Felt (2012). New York: Henry Holt, 368 pp.

4　原注：Vine, F., and Matthews, D., 1963. Magnetic anomalies over mid-ocean ridges. *Nature*, 199, 947–950.

論）。

　　到了一九七〇年代初期，除了已能透過深海鑽探取得海床樣本來測定其年齡，也確認了陸地上年代分明的火山岩層序，其磁性反轉現象與海洋磁紀錄之間存在關聯性。拜這些成果之賜，地質時間有了新的劃分方式，地磁年代表隨之併入了依據生物地層學（以化石為依據）與地質年代學（以放射性同位素校正）研究結果所編制的年代表。現今，由於每次磁場反轉的時間已能精準掌握，甚至不需取得實體樣本，便能測定海底任何一處岩石的年齡──只要計算出海脊外側有多少條磁性條帶即可。

　　在顯示出全球各大洋海床年齡的地圖上，最惹人注目的分布形態，就是太平洋任何特定年代的岩石條帶，都遠寬於大西洋的條帶。自六千五百萬年前進入新生代以來（亦即自恐龍滅絕以來），大西洋的海底每年即以平均約一公分的速率擴張，與我們指甲的生長速度正好是同個數量級。此一速度要說快是很快。冰島的辛格韋德利國家公園（Thingvellir）是極少數海脊矗立在海平面之上的地區，也是公元九三〇年維京人選定召開年度議會（Althing）的遺址。此處所建造的遊客中心，寬度即等同自維京時代以來地殼的拉伸距離。

　　另一方面，大西洋海底擴張的速率，要說慢也很慢。巴西

的一種原生綠蠵龜（*Cheloniamydas*），自恐龍時代以來，每年都會游到大西洋中洋脊上的高處繁殖築窩，但似乎未曾注意到，這座中洋脊如今已遠離原處近一千一百公里。所幸，綠蠵龜繁殖的沙灘不是位在太平洋，因為太平洋海底的擴張速率幾乎快十倍，每年趨近於十公分（比毛髮的「快速」成長略慢一些）。如果這些速率只是反映出地幔對流的速度，那麼為何在某座海洋之下的對流速度，會勝於在另一座海洋之下呢？

板塊力量大

究竟是何原因造成這兩座大洋板塊移動速率的落差，線索就藏在薩普令人驚嘆的地圖中。尤其從這些地圖可以看出，太平洋與大西洋盆地的邊緣之間，存在著重大的差異：大西洋的邊緣主要是淺大陸棚，像是美東外海地區。該處水深約不到二百公尺，淹沒在海中的地殼，逐漸遭新生的陸地取代。相形之下，太平洋的邊緣是令人眼花撩亂的裂溝所組成，比如在南美洲西岸外海的裂溝，其最深處超過海平面下八千公尺。這些海溝標示著地殼隱沒之處，也就是古老、冰冷的海洋地殼（憑藉與巴西綠蠵龜相同的本能）回歸原生地之處。

當海底的玄武岩年齡達到約一億五千萬年，並且離其原生

海脊有數百英里之遠，密度就會變得與下方的地幔差不多，然後傾斜下沉，回歸地球內部，將板塊其餘的部分拖曳在後，就像是一張從床鋪滑落的毛毯（參見圖八）。因此幾乎可以肯定，此種「隱沒拉力」即是造成太平洋海底快速擴張的關鍵要素——太平洋裂谷的形成速度，與其邊緣地帶的板塊隱沒速度始終保持一致。

　　相較之下，大西洋海底擴張的速度，或許主要反映出地幔原本緩慢莊重的步伐。所以地球的對流作用應視為一個「活動蓋」系統，因為地球板塊不僅會配合地幔節拍器的節奏起舞，而且在某些情況下，更設定其自身的韻律，最終決定了山脈成長的速度。然而，為了打造山脈，我們必須先「烹製」一些大陸地殼，要尋求配方就得再回到中洋脊了。

神奇的水力

　　范恩與馬修斯正確地詮釋了洋脊的樣貌，亦即洋脊是一批批相繼而生的玄武岩冷卻後的產物。但剛生成的海洋玄武岩不同於靜置在廚房冷卻的舒芙蕾，其熱能並非自然而然流失，而是遭寒冷的海水奪走。冰冷的海水湧入一個個裂縫和孔隙，滿懷妒意地竊取焦耳5，然後透過稱為黑煙囪（black smoker）的

圖八：隱沒帶及火山弧

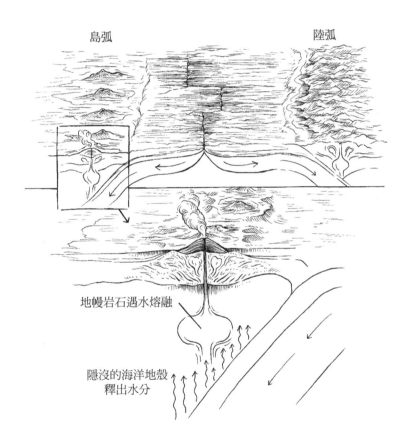

島弧

陸弧

地幔岩石遇水熔融

隱沒的海洋地殼
釋出水分

5 即熱量單位。

煙囪狀水下噴泉迅速逃逸。海水也從這些年輕的岩石中奪走了如鈣等元素，將鈉遺留下來，從而調節各大洋的鹽度（化學家喬利試圖根據海水鹽度估算地球年齡時，並不知曉箇中原理。他估算出的一億年參考值並非毫無意義，但其代表的是鈉在海中典型的滯留時間，而非自地球形成以來的時間）。根據估計，全球各大洋所有的海水量，會在約八百萬年內流經中洋脊的岩石。6

然而，並非所有滲透入岩石的海水都能順利逃逸。一旦進入迷宮般的通道，與玄武岩中的礦物質形成化學鍵，有些海水便長期困在海洋地殼之中，不得而出。巧合的是，海水意外受困的狀況，恰是地球的地殼體系最不可或缺的構成要素之一。隱沒的板塊在沉降至地幔時，會將它年輕時偷渡進來的海水一併帶入。冰冷的板塊會慢慢變熱，最後當它降到約三十英里深處，古老的海水就能從中滲出。我們往往認為水循環是相對短暫的現象；一般水分子停留在大氣層的時間大約是九天；即使是在最大的湖伯，如蘇必略湖等，水的滯留時間是一或二個世紀；深層的地下水可能貯存一千年的時間。但有個水循環的週期長達一億年，並且是在地球內部進行，而為地幔添加水分，事實上是「烹製」大陸地殼過程中至關重要的步驟。

　　在隱沒板塊上方，地幔楔形體（mantle wedge）內的岩石原本應呈現固態，但遇到水之後，原有的熔點便會大幅降低，和鹽巴可降低人行道上冰雪的融點是一樣的道理。此種「以水輔助」的熔融作用兼具創造力與破壞力：其最終雖然可生成新的大陸地殼，但必須借助於地球上一些最致命的火山。這些火山會在隱沒帶上覆板塊上形成，其正下方就是下沉的板塊排出與世隔絕已久的海水之處。火山群通常會形成一個弧鏈──有如一個寬大的C形，這是因為隱沒海溝沿著地球球面生成，呈現彎曲形態，就像乒乓球會出現新月形的凹痕。火山鏈若上方板塊亦是玄武岩海洋地殼所組成，則稱為島弧。日本、印尼、菲律賓、阿留申群島，以及紐西蘭北半部都有火山島弧。如果隱沒的板塊下潛到一塊大陸底下，因而產生的火山則會形成陸弧，像是喀斯山（Cascades）與安地斯山等山脈（參見一○七頁圖八）。

　　無論是島弧或陸弧，與水分作用所產生的地幔岩漿，都必須穿過上方的板塊才能到達地表。地殼會形成堅硬的蓋子阻

6　原注：East Pacific Rise Study Group, 1981. Crustal processes of the mid-ocean ridge, *Science*, 213, 31–40.

擋去路，岩漿可能因此動彈不得，就在受堵處融化一部分的
地殼。就像在中洋脊一樣，熔點低的組成物質最容易從中釋
出，形成新的岩漿，其更富含二氧化矽成分，而且與玄武岩相
比，屬性與地慢較為不同。如這般經過多次反覆熔煉，可漸進
產生更加「進化」的地殼，最終淬鍊出質地較輕的花崗岩，也
就是組成大陸板塊的主要材質。現代地球的板塊，是由一個極
為不凡的體系所構成。要造就大陸地殼，有賴海洋地殼經歷誕
生、成熟、最終滅亡等生命階段，缺一不可──完美體現生死
轉世的輪迴。

山區時間

　　只要隱沒至海溝的地殼夠薄、密度夠大，能夠滑入地慢
中，海洋的隱沒帶就能順暢運作（雖然未必能免於震盪）。但
若板塊拖進「難以消化」的物質，像是太熱或太厚的海洋地
殼，或是塊狀的古老島弧，又或是一塊不會下沉的大陸，交通
便會停擺。而若上方板塊是一塊大陸，則難免發生大型連環
追撞事故，山脈於是開始成長。地球上最高的山脈，如今日
的喜馬拉雅山，以及早年各個時期的阿爾卑斯山、阿帕拉契
山、加里東山，是存在已久的隱沒帶吞沒了整個海洋盆地，兩

座大陸相互碰撞的過程中所形成。

　　要造就一座山脈需要多少時間？以喜馬拉雅山來說，根據海洋磁性異常值所記錄下的海底擴張歷程，可以追溯到在白堊紀末，印度是如何從南方的岡瓦納古陸（Gondwanaland）衝向其目前所在的亞洲地區。[7] 隱沒的海洋地殼將印度拖向北方。而在三千萬年間，印度橫越了約二千五百公里的距離（這場馬拉松的平均速度非比尋常，一年移動八公分多的距離），才在約五千五百萬年前先撞上亞洲大陸。自此之後，喜馬拉雅山脈隆起，印度北部卡進亞洲大陸的下方，兩座大陸的地殼也透過斷層及褶皺作用垂直變厚。隨著兩座大陸持續聚合，其原始接觸點開始出現變形現象，並南北向對外擴張，受到抬升及扭曲的地殼所形成的隆起地帶，也因此逐步擴大。

　　在一九六〇年代發展出板塊構造論之前，山脈的成因難以解釋。許多地質學家發現，山區常見的皺曲岩層需要經過水

---

7 原注：岡瓦納古陸涵蓋了印度、非洲、南非、澳洲、南極洲等地區，是在一八八〇年代，奧地利地質學家愛德華‧蘇斯根據南方陸塊化石、岩層、古山脈的同質性率先提出假說並命名。之後，德國氣象學家韋格納在其一九一五年所著的《大陸和海洋的起源》（*Origin of Continents and Oceans*）中沿用了此名稱。此書在世人發現海底擴張現象，以及發展板塊構造論前的半世紀，即以有力的理據提出大陸漂移說。

平壓縮，但是在大陸固定論盛行之下，其背後的推動力令人難以理解。十九世紀的奧地利地質學家愛德華・蘇斯（Eduard Suess，漢斯・蘇斯的祖父，而漢斯將會記述燃燒化石燃料釋出的「死」碳元素，是如何稀釋大氣中的 ^{14}C 含量）發現到，阿爾卑斯山的許多岩石原先是在海底形成，後來不知為何被推升到現在的位置。他假定地球的山脈構造與葡萄乾上的皺褶相似，也就是地球在穩定冷卻與收縮的過程會萎縮，繼而形成了山脊──此一觀點與克耳文勳爵對地球內部熱演化過程的看法一致。

　　身為藝術評論家，同時博學多聞、熱愛阿爾卑斯山的約翰・羅斯金（John Ruskin），與愛德華・蘇斯身處同一個時代。他也憑直覺感受到，山脈並非靜止不動、永恆不朽的紀念碑，而是各種動態事件的實錄。然而，對羅斯金來說，阿爾卑斯山的形貌令他聯想到液體的流動性，而不是乾燥的水果：「這些峰巒展現出靈動感及和諧一致的節奏，近似於海浪的姿態……奇妙又協調的弧線，由底下某種龐大的流動力所支配，而這股力量的氣勢，猶如一股浪潮貫穿了整座山脈。」[8] 他也體認到，這些「協調」的形狀，是「山裡面的上升力道」與「山上面水流的蝕刻力量」相互抗衡的結果。但是這些相互對抗的力量，運作的效率又是如何呢？

喜馬拉雅山脈的最高峰，海拔高度達九千公尺，而此處原本是一片海岸。因此只要將群峰高度除以五千五百萬年，就可以估算出它的成長速度，似乎頗合乎邏輯。據此得出山脈每年是以0.015公分的速率上升，是個四平八穩的數字。但此種計算方式，嚴重低估了山脈的實際形成速度，因為一旦板塊力量開始造山，高效率的剝蝕大隊就會到場開始搞破壞。所以我們必須找出方法來單獨估量這些相互對抗的作用。

今日，拜高精準全球定位系統（GPS）衛星之賜，地表隆起現象已可以近乎即時的方式測量出來。在喜馬拉雅山之巔，也就是青藏高原（Tibetan Plateau），以GPS在十年間測得的每年平均隆起速率為二公釐。此速率約較板塊聚合速率（每年約二公分）慢十倍，反映出地殼相當典型的垂直水平變形比率。然而用儀器測得的地表隆起速度，要比未計入侵蝕效應的長期估值快上一百多倍。我們如何能夠得知，根據現代

8　原注：Ruskin, J., 1860. *Modern Painters*, vol. 4: *Of Mountain Beauty*, p. 196–197. Available through Project Gutenberg: http://www.gutenberg.org/files/31623/31623-h/31623-h.htm.

9　原注：Liang, S., et al., 2013. Three-dimensional velocity field of present-day crustal motion of the Tibetan Plateau derived from GPS measurements. *Journal of Geophysical Research: Solid Earth*, 118, 5722–5732. doi:10.1002/2013JB010503.

衛星觀測所取得的估值，能否反映出地表在較漫長的地質時間的隆起速率？「世界屋脊」在上升的同時，頂層也會不斷受到剝蝕，地質學家稱此過程為掘升作用（exhumation）。一度處於地表下的岩層，如今可享有頂層公寓的高空景致。為了重現長期的地表隆起速率，我們必須知道有多少樓層遭到拆除，而拆除速度又有多快。

　　有幾種方式可以計算出，另外有多少的岩石曾經存在於山脈的上空。其中一種方法是探知目前位在地表上的岩石，在過往某個特定時點曾處在多深的地方。我們可以透過核飛跡定年法（fission track dating）得到上述問題的答案。核飛跡定年法主要是石油公司所研發，目的是為了重建沉積岩的熱歷程，以預測這些岩石是否可能開採出石油或天然氣（沉積物的溫度必須夠熱，使其有機物質能適當受到「烹製」，但不至於炙熱到燒掉所有的物質）。

　　核飛跡定年法是利用鈾的特性來定年。存量較豐富的同位素^{238}U，不但具有放射性，而且原子核不穩定，在自發裂變事件中，會以已知的速度分裂開來。在高倍率放大之下，可以見到含鈾的礦物，包括鋯石（地質年代學的寵兒）與磷灰石（存在於牙齒和骨頭之中的礦物），保有這些高能事件的紀錄，也就是因核分裂時中子將晶格破壞的殘跡，即「核

飛跡」。每種含鈾的礦物在超過特定溫度時，其晶格可自行修補、撫平這些傷痕，就像一塊搖勻的蝕刻素描板（Etch-a-Sketch）。然而，若低於此溫度，殘跡仍舊會深深烙印在晶體內。因此，只要計算在礦物特定體積內的核飛跡密度，就能確定自礦物在地殼特定溫度（以及深度）下冷卻後，究竟經過了多少時間。喜馬拉雅山岩石的核飛跡低溫熱定年（fission track thermochronology）結果顯示，根據數十年衛星觀測數據所估算的現代地表隆起速率，事實上與橫跨各地質年代的隆起速率一致。[10]

遠古遺跡

另一種估算侵蝕作用削去多少山體的方式是，觀察累積在山腳下的沉積物量。我們可以把這些沉積物想成是掉落在理髮廳地板上的髮絲。在喜馬拉雅山脈，大多數因剝蝕作用而產生的岩屑，是堆積在海底的兩個巨大沙堆：印度河與孟加拉海

10原注：Van der Beek, P., et al., 2006. Late Miocene–Recent exhumation of the central Himalaya and recycling in the foreland basin assessed by apatite fission-track thermochronology of Siwalik sediments, Nepal. *Basin Research*, 18, 413–434.

底「扇」，過去五千萬年來，印度河、恆河、布拉馬普特拉河
（Brahmaputra Rivers）11 不斷在此傾倒其沉積物。在薩普的地
圖上，印度河與孟加拉海底扇活像是兩條長長的舌頭，遠遠
地伸出到印度洋的海床上。孟加拉海底扇是世界最大的海底
扇，從孟加拉海岸（本身完全是由山脈剝落所帶來的沉積物形
成）的恆河和布拉馬普特拉河入海口，一路向南延伸三千公
里。如果與美國的大陸重疊在一起，孟加拉海底扇能從加拿大
邊境延伸至墨西哥，而這段距離幾乎一半的區段，厚度都超過
六‧五公里。

　　印度河 12 與孟加拉 13 海底扇的鑽探與地球物理探勘結果，
顯示出喜馬拉雅山大致的蝕頂（unroofing）過程。蝕頂作用使
得山脈上下翻轉，原本在初形成時位於山頂的岩石，其分解之
後的殘屑，如今形成了龐大深海沉積物的最底層。光是在孟
加拉海底扇的沉積物總量，估計就有一千二百五十萬立方公
里 14，大於現今青藏高原地殼在海拔上的沉積量 15。也就是
說，喜馬拉雅山歷來受到剝蝕的岩石量，超越了形成現今高聳
山脈的岩石量。此等景況，使得赫頓看似簡單的提問──要夷
平一座山脈需要花多少時間？──更難以回答。我們所說的是
哪座山脈？喜馬拉雅山已存在五千五百萬年，但其今日的山脈
已不同以往的面貌。舊日的山脈已化成岩屑，靜靜躺在印度洋

的海底。

山脈（或任何地貌）變化無常的特質，是岩石紀錄中的不整合現象如此令人著迷的原因之一，比如眾所周知，由赫頓在西卡角發現的露出岩層。岩石的不整合面保存了埋在底下的地形，因此可從中窺見遠古時期消逝已久的地貌。威斯康辛州的巴拉布山（Baraboo Hills）地區，可謂地質學田野考察的聖地（也是號稱「地表上最偉大的表演」，現已解散的玲玲馬戲團〔Ringling Bros. and Barnum & Bailey Circus〕的總部），是世界上古地形保存得最完整的地方之一。這座前寒武紀時期的山脈約在十六億年前形成，在古生代早期的海洋淹沒今日的五大湖（Great Lakes）地區時，被埋藏在數百英尺深的海洋沉積物中。

11上游在中國境內，稱為雅魯藏布江。

12原注：Clift, P. D., et al., 2001. Development of the Indus Fan and its significance for the erosional history of the Western Himalaya and Karakoram. *Geological Society of America Bulletin*, 113, 1039–1051.

13原注：Einsele, G., Ratschbacher, L., and Wetzel, A., 1996. The Himalaya-Bengal fan denudation- accumulation system during the past 20 Ma. *Journal of Geology*, 104, 163–184. doi:10.1086/629812.

14原注：Curray, J., 1994. Sediment volume and mass beneath the Bay of Bengal. *Earth and Planetary Science Letters*, 125, 371–383.

15原注：根據高原二百六十萬平方公里的面積，以及平均四‧五公里的高度計算。

時至今日，這些古生代岩石的侵蝕程度，已使前寒武紀與
古生代兩個時期之間的不整合面暴露在許多地方。隱沒已久的
山脈，正逐漸重見天日或受到開掘，使現代的地表極為近似元
古宙晚期的面貌。很有意思的是，此等古老的地貌啟發了兩位
偉大的環保思想家：一位是在年少時期舉家從蘇格蘭遷居到該
地區的約翰・繆爾（John Muir），另一位則是奧爾多・李奧
帕德（Aldo Leopold），其所著的《沙郡年紀》（*Sand County
Almanac*）即是以呈現遠古面貌的巴拉布山為寫作背景。雖然
在其他地方（甚至是在威斯康辛州）尚有年代更加久遠的岩
石，以及更古老山脈深受侵蝕的根基，但巴拉布山脈象徵著地
表上保存的最古老地貌——的確堪稱令人大開眼界的「偉大
表演」。

群山充滿生氣

分析從喜馬拉雅山剝蝕下來的沉積物，可以得知，儘管在
時間的長河中，山脈的隆起與掘升速率有些許差異，但平均而
言，這些速率都不出GPS觀測及熱定年法（如核飛跡定年法）
等所計算出的估值範圍。這是令人欣慰的均變現象，萊爾想必
會樂見此景。這些大量的沉積物，也點出地球一項令人驚奇的

事實：由地球內部放射性熱能所驅動的地殼作用，以及由重力與太陽能驅動的外部侵蝕力量，包括風、雨、河流、冰河等，兩者的推進速度大致是吻合的[16]，可說是十分湊巧。若以理髮廳來比喻，就猶如理髮師的剪髮速度有多快，客人的頭髮也就不斷以同等的速度長出來。而雖然地殼的成長與山脈的剝蝕，都是以不疾不徐的平均步調進行，但並非緩慢到超出我們的感知範圍。

　　讓地貌此消彼長的各種作用是如此等量相稱，是地球無與倫比的特質之一。其他由岩石構成的行星及衛星，之所以有異於地球的面貌，正是因為其地貌的創造與破壞速度未能保持平衡。在地球上，若是地殼作用速度遠超過侵蝕作用的速度，山脈的高原會存在更長久的時間，形成面積遼闊的高山棲息地。而若是侵蝕速度勝過地殼作用速度，大陸地勢會變低，但會較為高低不平，而河流會攜帶更大量的沉積物到大陸棚，大幅改變沿海地區的狀態。

　　無論是哪種情況，陸地與海中的生物，都將面臨不同的物

16原注：Seong, Y., et al., 2008. Rates of fluvial bedrock incision within an actively uplifting orogen: Central Karakoram Mountains, northern Pakistan, *Geomorphology*, 97, 274–286. doi:10.1016/j.geomorph.2007.08.011.

競天擇壓力，而演化過程可能會循其他不同的路徑進行。然而，生物本身可以改變形塑地貌的自然作用；有強大的證據可證明，在志留紀早期（大約在四億年前）植物開始登上陸地，因而減緩了全球侵蝕作用的速度，具有分明水道的河川也隨之出現。[17]（人類只用了幾個世紀的時間就逆轉了這種趨勢；根據一些估算結果，現代的侵蝕速率——受到濫伐森林、農業、沙漠化、都市化影響而加速——已較地質年代平均值高出好幾個數量級。[18]）

很明顯的是，在各個地質年代中，生物演化的步伐，恰好配合了地殼與地表作用的速度。此種現象在夏威夷群島尤為顯著。此群島是在太平板塊通過根深柢固的「熱點」時，由西北往東南方依序形成；熱點即是地幔岩石上湧，透過減壓作用熔融之處。對各島進行的長期生物多樣性研究結果顯示，在各島嶼透過火山作用成長之時，會出現適應輻射（adaptive radiation）現象，亦即一個族群為適應環境而演化成各種不同物種的現象。之後隨著侵蝕作用占上風，致使島嶼面積及高度縮減，此種現象就會穩定下來。[19]

當然，達爾文當初領悟到演化過程，就是因為在同樣年輕的加拉巴哥群島（Galapagos Islands）上觀察到物種的多樣性（不過他當時並不知道加拉巴哥群島的年齡）。我們可以想

見在一個運作機制截然不同的星球，地表形態的改變會過於快速，使肉眼可見的（macroscopic）生物來不及演化適應，好比伴奏芭蕾舞的管弦樂團演奏得飛快，以致舞者無法跟上節奏。所幸，地球大樂團的所有成員，無論是火山、雨滴、蕨類植物或雀鳥等，都能配合彼此的節奏同步演出。

雨與地形的關係

深入觀察山脈的形成過程，可以得知地殼與侵蝕作用之間，存在甚至更微妙的關係——也使得困惑著赫頓的謎團更加複雜難解。首先，侵蝕的速率是視天氣與氣候而定，而地殼的地形可以改變這兩項因素。就像只能攜帶少量液體通過安檢的飛機乘客，氣團在通過脊線時受山勢所迫，必須拋下其含有的

---

17 原注：Davies, N., and Gibling M., 2010. Cambrian to Devonian evolution of alluvial systems: The sedimentological impact of the earliest land plants. *Earth Science Reviews*, 98, 171–200. doi:10.1016/j.earscirev.2009.11.002.

18 原注：Brown, A. G., et al., 2013. The Anthropocene: Is there a geomorphological case? *Earth Surface Processes and Landforms*, 38, 431–434. doi:10.1002/esp.3368. 譯注：一個數量級代表十倍。

19 原注：Lim, J., and Marshall, C., 2017. The true tempo of evolutionary radiation and decline revealed on the Hawaiian archipelago. *Nature*, 543, 710–713. doi:10.1038/nature21675.

水分，在背風坡形成乾燥的雨影區（rain shadow），導致整座山脈的侵蝕速率不均勻。在印度，每年雨季降下的豪雨，與喜馬拉雅山的存在息息相關，造成陡峭的丘陵受到猛烈的侵蝕。另一方面，青藏高原之所以能有其高度，部分成因在於山脈本身造就的乾旱氣候條件。然而，乾旱會導致植被缺乏，使山坡在發生山崩時更容易鬆動滑落。於是，山脈在其成長過程中建立了自身的複雜氣候系統，這些系統也反過來形塑其未來的演化面貌。[20]

　　規模宏大的山脈如喜馬拉雅山等，甚至可改變全球的氣候。在白堊紀時期，印度與亞洲板塊碰撞之前，地球擁有溫室氣候，冰河或冰帽並不存在。一座內海覆蓋了北美大平原地區，緊鄰著明尼蘇達州西部。海底已以不尋常的飛快速度擴張約四千萬年，使得大氣層中來自火山爆發的二氧化碳含量高於平均值。有一些恐龍甚至棲息在北極圈高緯度地區。從新生代早期起始，大約與喜馬拉雅山開始隆起是同一時間，地球的氣候進入過去五千萬年來所見到的漫長冷卻期。許多地質學家認為，地球冷卻與喜馬拉雅山高聳地形的形成有因果關係。尤其在各個地質年代中，雨水在岩石產生的化學風化作用，是將二氧化碳，也就是存量最豐富的溫室氣體，抽離地球大氣層的重要機制（參見圖九及第四、五章）。

**圖九：長期的碳循環；山脈的風化作用可以調節大氣中的二氧化
碳含量**

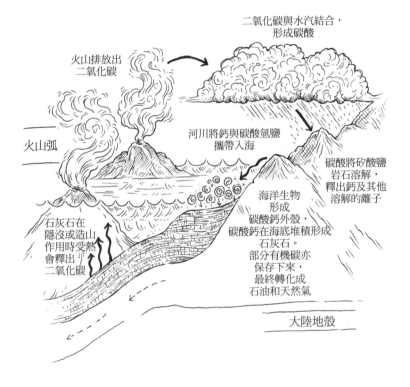

二氧化碳與水汽結合，
形成碳酸

火山排放出
二氧化碳

火山弧

河川將鈣與碳酸氫鹽
攜帶入海

碳酸將矽酸鹽
岩石溶解，
釋出鈣及其他
溶解的離子

石灰石在
隱沒或造山
作用時受熱
會釋出
二氧化碳

海洋生物
形成
碳酸鈣外殼，
碳酸鈣在海底堆積形成
石灰石。
部分有機碳亦
保存下來，
最終轉化成
石油和天然氣

大陸地殼

20原注：針對地形、氣候、侵蝕作用間眾多回饋機制的調查結果，可參見：
Brandon, M., and Pinter, N., How erosion builds mountains, *Scientific American*,
July 2005。

在沒有人類活動的狀況下，二氧化碳主要來自火山的噴發物。二氧化碳一旦與大氣層的水汽混合，便會形成弱酸（碳酸，H_2CO_3），長時間下來可有效溶解岩石。許多地殼的岩石含有鈣，於是當中的鈣質便以溶解狀態，隨著河川流入世界各大洋。海中的各種生物，從珊瑚、海星到單細胞的浮游生物，都會將這些鈣離子與碳酸氫鹽（HCO_{3-}）結合而形成碳酸鈣（$CaCO_3$），做為組成其外殼及外骨骼的成分。這整個過程可以簡略寫成一連串的化學反應：

岩石風化 → 離子溶解於河川 → 形成石灰石

$$CO_2 + H_2O + CaSiO_3 \rightarrow Ca^{2+} + 2HCO_3^- + SiO_2$$
結合成酸　　　　　火成岩簡　　鈣溶液　碳酸氫鹽
　　　　　　　　　化成分

$$\rightarrow CaCO_3 + SiO_2 + CO_2 + H_2O$$
海洋生物分　　二氧化矽（由其他生物
泌的碳酸鈣　　使用，如海綿等）

但從長期氣候調節觀點來看，最關鍵的步驟在於，分泌碳酸鈣的生物死亡時，其含有礦物質的殘骸會如雨點般降落到海底，進而形成石灰石，將大氣中的二氧化碳以固態的方式封存達千萬年之久。

這是地球的長期碳固存（carbon sequestration）計畫，也是

一項重要性大受低估的生態系統服務。而每當有大量新生的岩石表面可進行化學風化作用，例如在規模可比擬喜馬拉雅山的山脈形成期間，這個計畫就會執行得更有效率。有鑑於此，喜馬拉雅山脈的成長，不只影響了地方及區域性的天氣形態，也影響了廣及全球的氣候，甚至是地貌，最終協助將地球推進冰河期，讓冰河與冰帽重新塑造世界各處的地形景觀。

造就巔峰

侵蝕作用與造山運動之間另一種甚至更微妙、有違常理的關係，可見於山脈與地幔之間的相互作用。在山脈因板塊碰撞及地殼變厚而形成時，在單一地點大量堆積的岩石所附加的重量，會造成軟弱（雖然呈固態）的上地幔——稱為軟流圈（asthenosphere）——產生位移，好比船舶載重很重時，吃水位會改變一樣。不過一旦山脈停止成長（就像年輕但地殼不再活躍的阿爾卑斯山脈），侵蝕作用便占了上風，進而減輕地殼的重量。

此種情況就宛如一艘船卸下所有的貨物，會造成位移的地幔流回原處以及山脈升高（此種地殼均衡反彈〔isostatic rebound〕的現象，也會出現在先前受到厚厚幾層冰川冰覆

蓋的地區 21 ）。透過此番機制，侵蝕作用反倒有助於推升山
脈。 22

　　於是，地殼變形、氣候、侵蝕、地幔位移等因素，貫穿了
一座山脈的生命週期，共同演出一支悠然互動的舞碼，而參與
其中的每位舞者都影響著其他人的舞步。但有時候，它們緩慢
的舞步，會受到突如其來的跳步與躍步打斷。達爾文在搭乘小
獵犬號環遊各地時，曾在智利經歷一場大地震。儘管當時世人
尚未完全了解地震的成因（斷層突然滑動），他提出了或許是
前所未有的推測，也就是從長期來看，這些災變事實上可能
是造山運動背後的推手。達爾文注意到有一堆「腐敗的貽貝
殼」被地震抬升到高水位線之上三公尺處。他推斷他在高達
一百八十公尺處所發現的較老舊的貝殼，是隨著「連續的小幅
地殼抬升運動，比如今年伴隨地震而來或引發地震的抬升運
動」而到達該處。 23 而一如以往，達爾文的推測是正確的。

　　大多數的地質作用都難以細察研究，因為推進的過程相當
緩慢。地震則有所不同，可以即時感受到，但震源位在難以到
達的深處。從來沒有人可以直接目睹在地震發生時，地殼深處
的斷層表面究竟是何種狀態，但地震學在歷經一個世紀的研究
之後，統整了彈性波論、實驗岩石力學，以及對現代與古斷層
帶的分析，因此已能從震波圖彎彎曲曲的線條中，擷取出多種

類型的量化推論結果。世上最大的地震，是發生在隱沒帶的規模九大型逆衝區（megathrust）地震，例如二〇〇四年、二〇一一年分別發生在印尼、日本的大地震。這些災變在幾分鐘內所造成的變動，若以背景地殼移動速率進行，需要耗費數百年才能達成。

在二〇〇四年引發海嘯，並造成嚴重災害的蘇門答臘大地震，觸動了長達一千一百公里的板塊邊界，著實令人吃驚。[24] 在宛如地獄的十分鐘內，水面下的裂縫從震源疾速往北蔓延，每秒高達一·六公里以上，時速相當於六千九百公里。承載著印尼的異他（Sunda）板塊，便沿著這段裂縫猛然向西傾斜，平均幅度達二十公尺，造成約一千年的正常板塊運動才能產生的位移。板塊邊界各個連續的區段滑移時，產生

21原注：在瑞典中部，冰期後地殼反彈（postglacial rebound）速度是每年
〇·六公分——足以讓維京時代的海港聚落移動到今日的內陸湖泊之上。
鄰國芬蘭有法律規範何者可擁有從海中浮現的沿海新生地；然而，若是海
平面上升速度超越地殼均衡抬升（isostatic uplift）的速度，這些法規可能
就沒有實質意義了。

22原注：Champagnac, J., et al., 2009. Erosion-driven uplift of the modern Central
Alps. *Tectonophysics*, 474, 236–249. doi:10.1016/j.tecto.2009.02.024.

23原注：Darwin, C., 1839. *Voyage of the Beagle*, chap. 14.

24原注：Stein, S., and Okal, E., 2005.Speed and size of the Sumatra earthquake.
Nature, 434, 581–582. doi:10.1038/434581a.

了強大的地震波──正是地震時造成地面搖晃的主因。地震波有如池塘的漣漪，以每秒三到五公里的速度，呈同心圓狀向外擴散。計算這些速率不單是出於學術研究目的；破裂波前（rupture front）與地震波傳播的速度雖然很快，但傳輸數位資訊的電磁波還要更快。印尼、日本和其他高地震風險地區，都已建置地震與海嘯的手機警報系統，希望未來發生震災時，關鍵幾秒鐘的警報能有助於拯救性命。

　　雖然我們無法預測大地震到底會在何時或何處發生，但我們可以很肯定地說，未來將會有更多大地震來襲。全球以儀器測得的地震紀錄，如今已橫跨幾乎一個世紀，這些資料顯示，平均每隔幾十年，在地球的某個隱沒帶便可能有一場規模九的大型逆衝區地震發生。在全球各類的斷層上，通常每年會發生一或兩次規模八的大地震，以及數十次規模七的大地震。25 在地震好發帶建造抗震屋，應是全世界首要的人道措施之一。在二十一世紀，一場規模七的大地震，不應如二〇一〇年一月海地強震般造成十萬人死亡。時至今日，一場地震還可以摧毀一座城市、奪走數以千計的性命，而令我們大感震驚，此等光景和處於中世紀幾乎沒有兩樣。

斷層的邏輯

　　幾十年來，地球科學家一直認為，斷層是以兩種速度截然不同的模式順應地殼的變形作用：步伐在地震發生時飛快迅猛（每秒達數公尺），但平日則是緩慢穩定（每年僅數公分）。

　　此外，各個斷層帶在如此迥異的時間尺度下產生的物理現象，似乎沒有什麼共同之處。因此，研究地震的地震學家，以及研究造山的平緩地殼作用的地質學家（「結構」地質學家，就像我一樣），傳統上分屬兩種不同的學派。然而，近來此兩種學術領域已開始融合。

　　在古老的斷層帶，有時可發現一種名稱有點拗口的特殊玻璃質岩石，亦即假玄武玻璃（pseudotachylyte，或稱斷層玻璃）。一九八〇年代末的研究發現，這種岩石是局部摩擦熔融作用的產物，只有在斷層滑移速度每秒達數公尺時，才有可能出現局部摩擦熔融現象——換言之，只有地震時才會出現。

25原注：Ben-Naim, E., Daub, E., and Johnson, P., 2013. Recurrence statistics of great earthquakes. *Geophysical Research Letters*, 40, 3021–3025, doi:10.1002/grl.50605.

　　根據此一發現，我們便能直接觀測到地震發生時，斷層在震源處的岩石上方滑移所產生的物理現象。而自邁入第二個千禧年以來，新一代的地震儀陣列（seismic array），輔以高解析度的地動GPS監測系統以及更強大的數據處理能力，使學者得以探知，斷層的行為模式遠比先前認為的還來得廣泛多變。

　　地球科學家如今已觀察到，在地表長期「潛移」（以背景地殼移動速率進行）與一般地震（在分秒間發生）之間，存在著所謂的慢地震。慢地震可持續數天至數週，其所產生的震動頻率極低，以致先前被誤認為噪音而受到忽視。相較於一般地震時，地表每秒達數公里的破裂速度，這些慢地震是以每天十六至三十二公里，甚至可容步行的沉穩速度，順著斷層帶蔓延開來。

　　奇特的是，有些慢地震接著會一反擴張之勢，沿著原路折返，而且折回的速度略快於原先外擴的速度，26 就像一位健行者迅速順著原路折返，想要撿回丟失的連指手套。更怪異的是，在某些斷層帶上，每隔一定時間就會發生「緩慢滑移事件」（slow-slip event），但成因不得而知。舉例來說，位於美國華盛頓州與加拿大卑詩省（British Columbia）外海的卡斯卡迪雅（Cascadia）隱沒帶，每十四個月就會發生一次慢地震，此間隔有何含意尚未探明。27

　　緩慢地震活動的起因為何，又有何影響，目前仍不清楚。
許多地質學家認為，這些事件可能與滲入變形岩石的液體有
關。倘若如此，古老岩石礦化的裂隙，也就是岩脈（許多金
屬礦的礦源），事實上可能記錄著古老的慢地震活動。雖然這
個概念頗引人入勝，但更重要的問題在於，緩慢推進的地震與
突如其來的毀滅性地震之間，存在著何種關係。慢地震以漸進
方式釋放能量，是否有助於減輕斷層上的壓力？或者這些地震
預示著將有規模更大、恐釀成災難的事件發生？[28] 根據全球
斷層帶的研究結果（包括美西、紐西蘭、日本、中美洲等地
區），在各地層深度和斷層帶，上述問題的答案可能不盡相
同，這是相當令人不安的結論。而斷層在數百年至數千年的時
間尺度上，似乎也存在著我們至今尚未有能力觀察到的祕密習
性。

26原注：Houston, H., et al., 2011. Rapid tremor reversals in Cascadia generated
by a weakened plate interface. *Nature Geoscience*, 4, 404–408. doi:10.1038/
NGEO1157.

27原注：Brudzinksi, M., and Allen, R., 2007.Segmentation in episodic tremor and
slip all along Cascadia. *Geology*, 35, 907–910. doi:10.1130/G23740A.1.

28原注：Yamashita, Y., et al., 2015. Migrating tremor off southern Kyushu as
evidence for slow slip of a shallow subduction interface. *Science*, 348, 676–679.
doi:10.1126/science.aaa4242.

山脈的崩壞

　　造山運動通常是徐行而進的過程，但有時也會驟然推進。同樣的，山脈的崩壞也可能是連綿不斷或不連續（quantized）的變化過程。我們人類認為，自己在岩石林立的高山景觀中，窺見了永恆不朽的意象。但事實上，在我們受到群峰啟迪，領受所謂無窮盡的意境之際，這些巍峨的山峰卻正邁向生命的盡頭。壯麗的山峰與宏偉的岩壁，只不過是暫存於世的景觀，是一群執著的雕刻家暫留下來的最新作品。這些雕刻家由水、冰、風等力量組成，與地球的重力攜手合作，共同雕鑿出精美的藝作。

　　然而，當落石在優勝美地國家公園眾所珍愛的崖面劃出傷痕，或是損毀新罕布夏州具代表性的「老人山」（Old Man of the Mountain）面容，我們卻是大為震驚。地形學（研究地貌演變的學科）領域的一些研究顯示，在山區，不定期發生的山崩與其他類型的大規模邊坡破壞（slope failure），是最重要的山脈侵蝕機制，而河川（先前被視為主要的侵蝕力量）只不過是在山脈因此受到侵蝕的數十至數百年間收拾殘局。[29]

　　地震理所當然可以引發山崩。而儘管地震通常有助於山脈形成，但伴隨而來的山崩在某些情況下（例如二〇〇八年傷亡

慘重的中國汶川大地震），實際上可能會抵銷地震觸發的地殼抬升作用。[30] 換言之，山脈景觀的生成與毀滅之間有著緊密相依的關係。而以影響山景生滅的作用力來說，長期的力量（均變而乏味）可能不如短期的力量（可立即引發恐懼）來得強大。有地質證據證明，遠古時期邊坡破壞的規模，遠大於人類史上所見過的任何邊坡破壞事件，而且規模龐大至極，彷彿是在差勁的末日科幻片中出現的離譜場景。例如，大約在七萬三千年前，在非洲西岸外海的維德角（Cape Verde）群島，有座火山島的側面發生了規模龐大的塌陷，繼而引發海嘯，將重達九十公噸的巨石拋到五十公里外另一座島嶼的側邊，落在一百八十公尺高之處。[31]

　　大多數的人都知道，黃石公園是坐落在休眠的超級火山之上，而這座火山曾經以意想不到的巨大規模爆發。但就在這

29原注：Booth, A., Roering, J., and Rempel, A., 2013. Topographic signatures and a general transport law for deep-seated landslides in a landscape evolution model. *Journal of Geophysical Research: Earth Surface*, 118, 603–624. doi:10.1002/jgrf.20051.

30原注：Parker, R., et al., 2011. Mass wasting triggered by the 2008 Wenchuan earthquake is greater than orogenic growth. *Nature Geoscience*, 4, 449–452.

31原注：Ramalho, R., et al., 2015. Hazard potential of volcanic flank collapses raised by new megatsunami evidence. *Science Advances*, 1, e1500456. doi:10.1126/sciadv.1500456.

座公園外，有一座山脈記錄著一場更加震天駭地的遠古大災變。懷俄明州的「心之山」（Heart Mountain，第二次世界大戰時日裔美國人拘留營所在地），曾經屬於一塊厚達一・六公里，相當於羅德島州大小的石板。這塊石板也許是在其底部過熱的氣體幫助之下，在三十分鐘內滑過了一道平穩得出奇的坡面，距離超過五十公里——也就是以行駛在公路上的速度滑行。[32]

這些規模超級巨大的事件提醒了我們，人類的觀測窗口十分狹隘，無法讓我們完整目睹地球的運作機制。這些事件也暗示著，我們所認為的「正常」地貌作用，可能實際上比較像是救災人員在災害發生後，試圖將基礎建設恢復原狀的過程。我想萊爾應該不會贊同這個想法。

未知的領域

了解地形驟變所遺留下來的影響十分重要，因為我們自己現今就是地貌遭受摧殘的幕後推手。為了開採煤礦，業者會採取所謂「移除山巔」（mountain top removal）的作法——看上去還以為是一項手術名稱。此種作法所移除的岩石量，可與規模最龐大的自然災害匹敵。在阿帕拉契山脈的部分地區，舊有

的地形圖已變得毫無實際參考價值。二〇一六年一項針對西維
吉尼亞州南部突變地貌的研究發現，自一九七〇年代以來，業
者自山頂移除了多達六‧四立方公里「超過負載」的廢石，並
將之傾倒在溪谷的上游。[33] 所移除的岩石量，相當於恆河和布
拉馬普特拉河（流經地表最巨大山脈的兩大河）在十年間運往
孟加拉海底扇的沉積物總量。而這還只是西維吉尼亞州南部的
廢石量。

　　地貌遭受到如此大規模的侵擾，將會產生範圍廣泛且極為
長久的影響。樹木原本在岩床上方固定土壤之處，如今堆滿了
數百英尺厚的碎礦渣，將山坡覆蓋起來。在大自然中，河川
會不斷形塑山坡，直到達成均夷（graded）[34] 狀態為止，也就
是坡度剛好夠陡，可讓河川的流速跟上山谷沉積物堆積的速

32原注：Aranov, E., and Anders, M., 2005. Hot water: A solution to the Heart
　　Mountain detachment problem? *Geology*, 34, 165–168. doi:10.1130/G22027.1;
　　Craddock, J., Geary, J. and Malone, D., 2012. Vertical injectites of detachment
　　carbonate ultracataclasite at White Mountain, Heart Mountain detachment,
　　Wyoming. *Geology*, 41, 463–466. doi:10.1130/G32734.1.
33原注：Ross, M., McGlynn, B., and Bernhardt, E., 2016. Deep impact: Effects of
　　mountain top mining on surface topography, bedrock structure and downstream
　　waters. *Environmental Science and Technology*, 50, 2064–2074. doi:10.1021/acs.
　　est.5b04532.
34指侵蝕與堆積作用恰好達到平衡。

度。在阿帕拉契山脈遭到毀壞的山谷中，高原處的小溪流填滿
了沉積物，必須奮力不懈地處理巨量的廢石。這些溪流要花費
多久的時間才能將廢石處理完畢，實在難以估算，因為歷來幾
乎未曾有過諸如此類嚴重失衡的地質現象，但要耗費數十萬年
或許只是保守的估計。若是再預測廢石對地表與地下水的化學
性質會有何長短期影響，原生動植物又會遭逢何種命運，結果
恐怕同樣值得世人大為警惕。而人類處在削除了頭顱的山影
下，心理上所受到的影響更是無法計量。

　　目前人類在全球各地所搬移的岩石和沉積物，包括經由刻
意（比如採礦等活動）與無心（透過農業活動與都市化加快地
表侵蝕速度）的作為，超過了地球所有河川的搬運總量。35 如
今已無法再假設大自然的地理特徵，可以反映出各種地質作用
的結果。在僅僅數年間，中國政府便徹底改造了南海南沙群島
的地貌，刮除海底的珊瑚礁質來建造新島，與敘爾特塞島的誕
生形成反烏托邦式的對比。在英格蘭南部，著名的白堊斷崖
（chalk cliff）後移的速度，已從每年數英寸加快至數英尺，這
是人類改造海岸線，加上氣候變遷導致海水入侵、風暴強度增
加所造成。36 由於亞斯文（Aswan）與其他水壩阻斷沉積物的
流入，尼羅河三角洲目前逐年下沉二‧五至五公分。37 而幾項
碰巧相互牽連的事態，形成了所謂的「完美風暴」38，造成路

易斯安那州沿海地區每小時便流失一英畝的土地：貫穿北美大陸的密西西比河航道系統工程，已使得沉積物的供給量驟減，與此同時，石油和天然氣的開採造成地層下陷——而就在這段期間，海水剛好也無情地上升（這是消耗石油與天然氣所間接導致的後果）。[39] 同時，在奧克拉荷馬州，我們再次喚醒了休眠已久的斷層。我們為了開採石油與天然氣而採用液裂法（hydrofracturing），其所產生的廢水灌入了地底深處，繼而引發地震。[40]

　　人類對地球形貌的改造，達到史無前例的規模，這也是

35原注：Wilkinson, B., 2005. Humans as geologic agents: A deep-time perspective. *Geology*, 33, 161–164. doi:10.1130/G21108.1.

36原注：Hurst, M., et al., 2016. Recent acceleration in coastal cliff retreat rates on the south coast of Great Britain. *Proceedings of the National Academy of Sciences*, 113, 13336–13341, doi:10.1073/pnas.1613044113.

37原注：Stanley, J.-D., and Clemente, P., 2017. Increased land subsidence and sea-level rise are submerging Egypt's Nile Delta coastal margin. *GSA Today*, 27, 4–11. doi:10.1130/GSATG312A.1.

38Perfect storm，指禍不單行而導致嚴重的後果。

39原注：Morton, R., Bernier, J., and Barras, J., 2006. Evidence of regional subsidence and associated interior wetland loss induced by hydrocarbon production, Gulf Coast region, USA. *Environmental Geology*, 50, 261–274.

40原注：根據一項美國地質調查報告，二〇一七年奧克拉荷馬州經由人為因素所引發的地震，其隱含的震災風險與加州自然發生的地震相當：Peterson, M., et al., 2017. One-year seismic-hazard risk forecast for the central and eastern Unites States from induced and natural earthquakes. *Seismological Research Letters*, 88, 772–783. doi:10.1785/0220170005.

人類世概念的論證之一。人類世代表了地質年代的一個新分野，它的特徵在於，人類的出現形成了廣及全球的地質作用力。我們確確實實正在改變各個大陸的面貌，以及重塑世界地圖的樣貌。但就一個地形種類繁多，而且不斷消除舊有地貌，以新地貌取而代之的星球而言，此種改變是否事關緊要？對地球本身來說，的確是無關緊要，因為地球最終將隨其本身喜好，以緩慢漸進抑或是引發大災難的方式，重新塑造世間萬物。

　　然而，在人類的時間尺度上，我們侵擾地貌的作為，將使我們自食惡果。土壤受到侵蝕而流失，沿海地區遭受海水入侵，山頭成為資本主義祭壇上的祭品，這種種景況是不可能在我們有生之年恢復原狀的。而這些地貌的變更，勢將引發排山倒海而來的連帶效應——遍及水文、生物、社會、經濟、政治等各層面——這將是人類未來幾個世紀必須面臨的課題。換句話說，不善加尊重地球在過往形塑的地質面貌，就意味著我們放棄了對自身未來的掌控權。

　　一七八八年，赫頓在遭受海浪拍打的西卡角發現不整合面時，他猜想要移除一座山脈，得經過億萬年的時間，因此得出地質時間是無窮盡的結論。而就在二百多年後，我們已能計算出山脈成長與毀滅的時間。這道著名的不整合面，將志留紀

的岩石與泥盆紀的岩石區隔開來，其代表的並不是永恆的歲月，而是約五千萬年的形成時間。這段漫長的時間足以建造與摧毀一座山脈，也足以見到大陸相碰撞、斷層潛移或有時驟然傾斜、雨滴雕塑地貌、山峰崩裂、地幔的岩石流動。今日，我們甚至可以即時觀測到固態地球的各種運作。我們發現地球的自然步伐，並未遠超出我們本身所感受到的步調。而事實上，這座古老的星球擁有各式各樣多變的節奏，包括一些快到令人屏息的節拍。研究固態地球的習性，可以讓我們領會到，無論是漸進的變動，或是不定期來襲而改造地球面貌的大災變，這兩種力量都應予以重視。

十九世紀時，人們認為地球的變動只會緩慢顯現。這個揮之不去的信念，使我們誤以為地球是木然無感、永存不朽的，無論我們有任何作為，都不致大幅改變地球的樣貌。此種想法也促使我們認為，地球間歇性的調節活動（一座新火山島的形成、規模九的大地震）是反常的現象，但其實這些事件不過是地球正常的運作罷了。

如今，我們已有夠強大的力量來刮傷、砸損地球，在它身上留下疤痕、磨痕，但我們自己將必須與這些損傷共存。而在這期間，地球將繼續緩慢地修補自己，間或安插突發的翻修工程，將人類最引以為傲的建設掃除一空。

大氣的變動

在這裡我們只感受到亞當的刑罰，季候的陡變；
例如朔風的冰冷的毒牙和酷烈的砭針，
吹上我的身體的時候，吹得我直打寒戰，
而我還微笑著說：「這不是諂媚：
這是忠臣，竭誠的勸我做我現在這樣的人。」
....

我們的生活，沒有人眾的喧囂，
但是在樹裡可以發現喉舌，流水裡發現書卷，
在岩石裡發現訓誡，處處都可以發現益處。
我不願變更它。

——莎士比亞，一五九九年
《如願》（*As You Like It*），第二幕第一景[1]

無足以慰

斯瓦爾巴群島許多地理景觀直到十九世紀末才有正式名稱，而在我進行研究所田野調查工作的地區，有些景觀是以當

---

1 莎劇譯名及譯文取自梁實秋所譯《莎士比亞全集》（遠東出版）。

代地質學家來命名，以表彰他們的貢獻。有座高峰以永斯·雅各布·貝吉里斯（Jöns Jacob Berzelius）為名，以紀念這位「瑞典化學之父」，同時也是開創先河的礦物學家。有座相對隱蔽的山谷，有六條美麗如畫的冰河流淌其中。這座山谷被稱為錢伯林（Chamberlindalen）谷，是為了紀念率先繪製出五大湖上游地區冰川沉積物分布圖的威斯康辛州地質學家，湯姆士·克勞德·錢伯林（T. C. Chamberlin）。而一處刮著強風、延伸至北極海的海岬，則命名為萊爾角（Kapp [Cape] Lyell），以紀念大力倡導均變說的萊爾。

　　一九八〇年代我在斯瓦爾巴群島負責的工作，就好像是倒退到十九世紀一樣：包括界定無名岩石的單位、記錄其面積、蒐集樣本供分析之用、暫且解讀該地區的地質史，藉以繪製出這個區域的地質圖。在世界其他大部分的地區，此種勘察工作早在數十年前就完成了。

　　我們用來繪製地質觀察結果的底圖，是一九二〇與三〇年代精美手繪圖的放大版。我很喜歡這些圖表優雅傾斜的字體，以及為了配合冰河與海岸線的弧形而彎曲的字樣。但是等高距（等高線的間隔）足足有五十公尺寬──間距如此粗略，可以容納的地貌形態相當之多。所以在田野調查時，我們會拿挪威極地研究所於一九三〇與五〇年代拍攝的航測照片

（拍攝作業在戰勢危急的年代受到中斷，當時挪威正在存亡之際而竭力奮戰，U型潛艦甚至也在偏僻的斯瓦爾巴群島峽灣中潛行），在上面註記觀察結果。接著每個晚上，我們都會就著子夜太陽的光線，將上面的資料轉錄到地圖上。這類空拍照（現今大多已由衛星影像取代）都是相互重疊的，戴上立體眼鏡便能看到以誇張3D圖像呈現的地形特徵，好比透過舊時的「Viewmaster」3D幻燈片玩具所看到的畫面（有些老練的田野地質學家只要放鬆眼部肌肉，稍微做個鬥雞眼就能達到同樣的效果，但這個技巧我始終沒能練就）。我們很快就了解到，在空拍照上標繪地點時必須非常小心，因為與舊影像相比，冰河邊界的位置通常會落在山谷更上游處。這些現象是時間即將降臨「時間不復存在」的斯瓦爾巴群島的先兆。

　　在後續幾年間，我很幸運能在斯瓦爾巴群島其他擁有絕美冰河景觀之處，以及加拿大的北極地區進行地質研究，但直到二〇〇七年才得以重回萊爾角，距離我上次造訪的時間整整有二十年之久。回到人生早期曾經孜孜不輟、埋首研究的地方，讓我察覺到在這段期間以來，已歷經婚姻生活、學術生涯，孕育三子、喪偶的我，有著多大的改變，這一切就像立體浮雕一樣，驟然湧現在我眼前。然而，我還是期望這些輪廓還深印在我腦海裡的地貌能夠大致保持原狀。

怪異的是，我發現舊營地仍舊分毫不差地屹立在我們當初撤離之處，用來固定炊事帳篷的大石頭也還留在原地。但幾乎所有其他的景物都產生極大的變化。這次我們一行人在六月中前便得以乘船抵達此地——較一九八〇年代能夠抵達的時間早了好幾個星期——這是因為那年海冰涵蓋範圍甚至尚未到達斯瓦爾巴群島的南部（事實上，這是充滿傳奇色彩的西北航道〔Northwest Passage〕2 史上頭一遭沒有結冰）。這表示以往在夏季慵懶度日，隨著浮冰漂移、捕食海豹，而且從未造成我們重大困擾的北極熊，正在陸地上活動，飢餓地打量著地質學家。

　　更令人不安的是，錢伯林谷中所有熟悉的冰河不再白皙豐沛，成為滿臉病容的灰色幽靈，遠遠往上蜷縮到山脈後壁之內。近二十年來，我在大學課堂上不斷講述氣候變遷的證據，相關的資料和論據我就算睡著都能背誦出來。但目睹我曾經如此熟悉之處出現令人愕然的改變，感受有如原本期待和老友有場歡樂的重聚，到場卻發現人人都身患重病。萊爾角這個名稱如今似乎成了嘲諷之詞；這並不是符合均變說的景象。長期以來放任斯瓦爾巴群島在冰河期酣眠的「時間」，正挾著復仇的氣焰凜然而歸。

神祕的大氣層

斯瓦爾巴群島冰河面貌的改變清楚顯示出，即使是鄰近地球頂端的偏遠之地，也會透過大氣層與世界其他地區彼此相連。地球的同心狀圈層構造，恰可比做一顆桃子的結構：鐵質的地核好比是果核，由岩石組成的地函是果肉，地殼則是果皮。至於大氣層的厚度，在比例上則有如桃子外部的絨毛，從地表往上延伸四百八十公里，不過它的氣團（mass）主要集中在最低的十六公里處。無所不在但多半無法得見的大氣層，是善於調節的地球提供給其居民的重大福利設施之一。金星與火星的大氣層主要由二氧化碳構成，充其量只不過是汙濁的火山噴氣（重重壓迫著金星，火星的大氣則多半逸散到了太空中）。相較之下，地球的大氣層主要由氮與氧組成，僅包含微量的二氧化碳，是異常而又不可思議的現象。

了解大氣層深遠的歷史，有助我們從更客觀的角度來審視現代大氣層與氣候變遷的速率。大氣的歷史與生物史之間，有著難分難解的關係；生物本身造就了現代大氣層的樣貌——從

---

2 穿越加拿大北極群島，連接大西洋和太平洋的航道。

某種意義上來說，其撰寫了自身的化學結構。生物穩定主宰了往昔大部分的地質面貌，但有時候，即便是精密的生物地球化學制衡系統，也不足以阻擋大氣劇變與生態災難。

我們要如何得知遠古時期的大氣模樣？過去七十萬年來，困在古老冰雪中的氣泡變成了極冰而保存下來（下一章有更詳盡的說明），直接記錄了遠古時期的大氣成分。但若時間尺度拉長，像空氣這種轉瞬即逝的物質，又能在何處尋求與其相關的資訊？令人意想不到的是，岩石（與所有氣體相對立的物質）可提供我們極為豐富的大氣資訊。特別是藉由岩石可以判知，現代大氣層至少是地球稀薄的最外層的第四代主要版本。

赫頓與萊爾認為地球是處於恆常但漫無目標的循環狀態，但事實並非如此。大氣的歷史是部成長小說（Bildungsroman），講述著一座星球經歷蛻變而成熟的過程。就像一棟建築物裡的空氣——可能散發著煙味、霉味，通風良好，或是充滿了燒菜做飯的味道——地球的大氣層也會大大顯露出其居民的生活習慣。在至少二十五億年間，生物圈改造了全球的大氣樣貌。反之，生物圈每次發生大滅絕或遭受大破壞，都正逢大氣結構產生劇烈變化的時機。儘管大氣的演變與固態地球的演進相關，諸如透過火山活動、岩石風化、沉積物

堆積等作用，但大氣層通常遠比地殼構造系統來得靈活，能夠轉換多變的樣貌。深入探索地球這層隱形氣圈的歷史，或許能讓我們對吸入的每一口空氣產生新的感激之情。

初生氣息與元氣再生

地球最初期的大氣層可能滿布著岩石——充滿著在高速外星物體不斷撞擊下而遭到粉碎、汽化的岩石。在地球上，除了著名的傑克丘鋯石（參見第二章），關於這座星球前五億年的歷史並無其他跡證可循。而這段時期，亦即冥古宙，「隱密」或環境「有如地獄般」惡劣的時期，究竟是何模樣，唯有各國太空人自月球採集的樣本才能提供詳盡的資料。如眾所熟知，月球表面坑坑疤疤，分布著年齡達四十四‧五億年的古老岩石，而這些岩石上覆蓋著一層粉碎的岩屑（月壤），由此可證明，太陽系形成時遺留下的碎片，重創了年輕的內行星（inner planets），使它們持續受到猛烈的衝擊。

這些碎片的來源除了石隕石與金屬隕石，可能還包括從海王星之外的軌道，將水帶到初生地球的冰凍彗星。當時的地球由於鄰近太陽，自身的水源本應相當有限。無論如何，傑克丘的鋯石暗示著，在地球形成的前一億年間，地球表面或至少在

淺層地殼，已經有一些水存在——這是地球帶有水分的最早跡
證，而有水存在也將成為地球的重要特徵。然而，我們從月球
的表面得知，這些外來物體的重擊一直持續到至少三十八億
年前，也就是廣大黑暗的伽利略月海盆地（本身是巨大的隕
石坑）形成的時期。在冥古宙，月球甚至比今日還更接近地
球，因此有充分的理由可以認為，地球在形成的前七億年必定
也遭受過類似的撞擊。事實上，幾個早期的大氣層及海洋，很
有可能是在這些巨大的衝擊中消失無蹤。[3]

　　地球最早期的系統化日誌篇章，與月球日誌的最後幾頁重
疊，在中斷四億年後，大約在四十億年前又開始撰寫。在鄰
近加拿大北部大奴湖（Great Slave Lake）處發現的渦紋變質岩
——阿卡斯塔（Acasta）片麻岩，獲正式認證為地球上最古老
的岩石（不只是礦粒而已），而這些片麻岩標示著地球地質年
代的開端：太古宙的起始。不過，儘管地位崇高的阿卡斯塔片
麻岩（以及在加拿大和格陵蘭、明尼蘇達州南部等他處略微年
輕的片麻岩）生動訴說著在早期地球地殼深處高溫環境下的各
種動盪，卻未留下關於地球表面狀況的記憶。

　　首批可供世人一窺當時地表景況的岩石，是格陵蘭西南部
的伊蘇阿岩石（Isua supracrustals），它在三十八億至三十七億
年前形成，也就是大約在這個時候，太空碎片連續不斷的重擊

終於漸漸緩和下來。伊蘇阿岩層的層序包含了各式各樣的沉積岩，記錄著地表水的侵蝕與沉積作用。此外尚包括綠色岩——經過變質作用，但仍可辨識出的「枕狀」玄武岩，其圓球狀外型是海底火山噴發的印記。遠古的地球存在幾座海洋，當時由於與月球距離相近，潮汐漲落幅度應該遠大於今日。同時，潮汐現象應該也比較頻繁，這是因為在遠古時代，一天的時間遠比今日還短，可能不到十八小時（因此一年約有四百七十天）。[4] 隨著時間推移，海洋－大氣系統與固態地球之間的摩擦，產生有如緩煞車的作用力，逐漸減緩地球的轉動速度。

伊蘇阿岩層提供了關於地球第二個大氣層的間接線索。這些岩石能證明三十八億年前地球表面有大量的水存在，但這似乎與天體演化模型有所衝突，因為這些模型預期，屬於黃矮星的太陽，光芒應該比現今還要弱約30%。所接收的太陽能減少如此之多，地球上若有任何水分應該都凍結成冰了。這便是一九七二年由天體物理學家卡爾・薩根（Carl Sagan）率先提

3　原注：Marchis, S., et al., 2016. Widespread mixing and burial of Earth's Hadean crust by asteroid impacts. *Nature*, 511, 578–582. doi:10.1038/nature13539.

4　原注：Williams, G., 2000. Geological constraints on the Precambrian history of Earth's rotation and the Moon's orbit. *Reviews of Geophysics*, 38, 37–59. doi:10.1029/1999RG900016.

出的黯淡太陽悖論（faint young Sun paradox）。[5]

　　雖然關於如何排解天體物理學理論與岩石紀錄之間這個明顯的矛盾（與早前物理學和地質學之間的對峙相呼應），有眾多富含創意的提案，但普遍的看法是，在陽光較為黯淡的環境下，以溫室氣體為主的大氣層有可能產生彌補作用，使早期的地球呈現溫和的氣候，足以讓遠古的河川持續流入外海。參考鄰近的星球金星與火星的大氣層狀況（火山積存不散的氣息）可知，二氧化碳與水汽很可能是地球吸收熱量的主要氣體，雖然甲烷、乙烷、氮、氨和其他化合物也可能形成額外的覆蓋層，使太古宙的世界保持暖和。不管這些溫室氣體確切成分為何，第二個大氣層將持續留存十億年以上，繼而孕育出地球首見的萬物生靈。

生命的足跡

　　這些生靈顯然是由水孕育而出，使伊蘇阿岩層成為可望尋得早期生命足跡的寶地。一九九六年，一群來自美國、英國、澳洲的地質學家宣稱，他們已在石墨（碳元素的結晶礦物）中檢測到生命存在的間接地球化學證據，而石墨樣本是在伊蘇阿岩層層序兩處露頭富含鐵的地層採集而得。[6]尤其是，

他們發現相對於略重的^{13}C，較輕盈穩定（非放射性）的碳同位素^{12}C，含量比例異常的高。進行固碳作用的生物，包括行光合作用的微生物與現代植物，對於要吸收的碳非常挑剔。吸收較輕盈的同位素所耗費的能量略少，所以在生存環境可取得的各種碳原子中，這些生物會優先選擇較輕盈的同位素。因此，生物碳的^{13}C/^{12}C比例要低於尚未經過生物處理的碳（少千分之幾）。

　　然而，一如宣稱發現地球最古老生命證據的前例，這群地質學家的宣言也遭受多方抨擊。來自其他研究小組的地質學家以各種不同論述指出，這些岩石變質幅度過大，以致無法保存原始的碳同位素特徵；[7] 在其中一個採集處，看似沉積而成的母岩，事實上是火成侵入岩；[8] 而且這些樣本已遭到新近的有

5　原注：Sagan, C., and Mullen, G., 1972. Earth and Mars: Evolution of atmospheres and surface temperatures. *Science*, 177, 52–56.

6　原注：Mojzsis, S. J., et al., 1996. Evidence for life on Earth before 3800 million years ago. *Nature*, 384, 55–59. doi:10.1038/384055a0.

7　原注：van Zuilen, M., Lepland, A., and Arrhenius, G, 2002. Reassessing the evidence for the earliest traces of life. *Nature*, 418, 627–630. doi:10.1038/nature00934.

8　原注：Whitehouse, M., Myers, J., and Fedo, C., 2009. The Akilia Controversy: Field, structural and geochronological evidence questions interpretations of >3.8 Ga life in SW Greenland. *Journal of the Geological Society*, 166, 335–348. doi:10.1144/0016- 76492008-070.

機物質汙染。，這些批判的數量與激烈度，反映出當中牽扯到
的利害關係：這關係到人類起源之說。

　　基於這種種不確定性，「最古老生命證據」的頭銜，也
就暫時頒回給世界另一端相類似，但年輕二億五千萬年的
綠色岩與沉積岩岩層。畢竟，澳洲西北部瓦拉伍納化石群
（Warrawoona Group）的德雷瑟地層（Dresser Formation）
可是擁有直接可見的生命證據：疊層石（stromatolite；參見
圖十）。10 這些層理精細的塊狀岩石（原文名稱有「床墊」
或「被褥石」的意思，以反映其圓丘狀的表面），是經過微生
物作用而形成的化石層，其中包含的可能不只是單一物種，而
是在遠古海洋中共生的原核生物所組成的垂直生態體系。疊層
石的沉積結構反映出波浪的攪動，顯示岩石是在有日照的淺水
區形成，從中還能看出，至少在上方岩層的生物體是行光合作
用的生物。這些疊層石群由於已具備十分複雜的社群生活模
式，無法代表最早期的生命形態，它就像傑克丘的鋯石和赫頓
的不整合面，顯示出仍有更古老的未知岩層存在。但是在某段
時期，澳洲是擁有現存最古老地殼遺跡，以及生物圈最早蹤跡
的雙冠王。

　　繼各界爭論伊蘇阿岩層是否含有遠古生物體殘留的化學物
質二十年後，在二〇一六年，由一群地質學家組成的新研究團

圖十：澳洲鯊魚灣（Shark Bay）的疊層石已變成化石（下圖），而且還完好地保存著

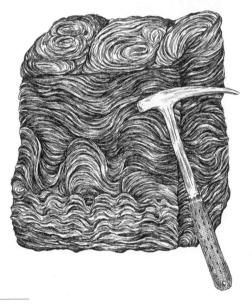

9　原注：Westall, F., and Folk, R., 2003. Exogenous carbonaceous microstructures in Early Archean cherts and BIFs from the Isua Greenstone Belt: Implications for the search for life in ancient rocks. *Precambrian Research* 126, 313–330.

10原注：Van Kranendonk, M., Philippot, P., Lepot, K., Bodorkos, S. &Pirajno, F., 2008. Geological setting of Earth's oldest fossils in the c. 3.5 Ga Dresser Formation, Pilbara craton, Western Australia. *Precambrian Research* 167, 93–124.

隊，成員包括發表最早碳同位素論文的兩位作者，公布了一項新的研究，當中記錄了有可能是「最古老生命證據」的疊層石。這些疊層石是在伊蘇阿碳酸鹽岩（類似石灰岩）的露頭發現，近日因為一片冰原融化才顯露出來。11 無可避免的，媒體對於此一發現的報導，大多著重在是否能為尋找火星生命提供線索，而非更重要的論點，也就是即使在地球仍持續遭受外太空碎片撞擊之時，生命似乎已出現在這座星球上，並且發展出多元的樣貌。12 從這個時點開始，地球大氣的演進歷程，將與地球上的生命史記交纏在一起。

鐵器時代

鋼鐵大亨，後來成為慈善家的安德魯・卡內基（Andrew Carnegie），在他的年代所擁有的財富，超過比爾・蓋茲（Bill Gates）、山姆・沃爾頓（Sam Walton）、華倫・巴菲特（Warren Buffett）等人的總和。雖然他藉著數以千計在他的鋼鐵廠辛勤工作的勞工積聚財富，但其實這一切都要感謝遠古微生物的貢獻。卡內基所製造的鋼鐵，甚至歷來幾乎全世界所生產的鋼鐵，都是使用一種岩石中的鐵產製出來，而就某種意義而言，這種岩石可說已經在世上絕跡。

　　大多數的岩石種類——例如從中洋脊火山流出的玄武岩，或是由其他種岩石的殘粒組成的砂岩——大致都是經得起時間考驗而歷久彌新的，因為它們現今在地球形成的方式和數十億年以來並無二致。但有種名字平淡無奇的沉積岩稱為「含鐵層」（iron formation），只在地球史上特定的一段期間堆積而成，並記錄下元古宙早期，也就是大約在二十五億至十八億年前，地球表面化學性質一度出現過的劇變。尤其是，這些密度最大的岩石見證了大氣的變遷——從原本沒有游離氧的地表環境，隨著光合放氧微生物崛起，如藍綠藻，或是藍菌（cyanobacteria，其現代的後裔通常有失禮數地被稱為「池塘浮渣」〔pond scum〕13）等，轉變成了一個美麗新世界。這就是地球的第三個大氣層。

　　這些含鐵層以澳洲、巴西、芬蘭及蘇必略湖地區分布最多，為具有鮮豔色彩的美麗岩層，由摻合銀色赤鐵礦和黑色

11原注：Nutman, A., Bennett, V., Friend, C., Van Kranendonk, M., and Chivas, A., 2016. *Nature*, 537 http://dx.doi.org /10.1038 /nature19355.

12原注：Watson, Traci. 3.7 billion year old fossil makes life on Mars less of a long shot, USA Today, 31 August 2016. http://www.usatoday.com/story/news/2016/08/31/37-billion-year-old-fossil-makes-life-mars-less-long-shot/89647646/.

13浮在死水上的綠藻類層。

磁鐵礦的細緻紋層，以及灰色燧石和紅色的碧玉交織而成。含鐵層可厚達數百英尺，通常是在巨大的露天礦中開採出來，比如位於知名樂手巴布·狄倫家鄉，明尼蘇達州希賓市（Hibbing）巨大的「霍拉斯特」（Hull Rust）峽谷（號稱「北方的大峽谷」）。

　　除了具金屬成分之外，含鐵層也擁有非常近似於現代石灰岩的沉積特性，顯示它必定是在淺海環境沉積而成。但在今日的海洋，鐵可說是極度缺乏，成為取之有限的營養物——此種不可或缺的元素的稀少性，有助於抑制生物的生產力。一項具有爭議的氣候工程計畫，甚至也是基於鐵的稀少性發想出來；此一計畫的構想是，若在海洋施撒鐵粉做為「肥料」，可以刺激藍菌繁盛生長，大行光合作用，然後（如果一切照計畫進行）沉至海底，便可固存大量的碳，而不致（但願如此）對海洋生物圈其餘的部分造成巨大危害。現今海水僅含有微量的鐵，相形之下，含鐵層的數量卻是極為龐大——想像一下全世界的車輛、飛機、建築物、橋梁、鐵路共使用了多少鋼鐵——由此可證明，在元古宙時期的海洋，鐵的含量是多麼豐富。

　　是氧氣，也就是最初由藍菌製造出來的「反動」氣體，改變了物質可否存在於海水的規則。在氧氣尚未出現的時期，深海火山口噴發出的鐵，可以在開闊的大洋中維持溶解狀態，隱

然無形地與鈉、鈣及其他離子混合在一起。但是氧氣開始積聚在淺水區域後，會追捕鐵原子並與之結合，然後將鐵原子拖至海底，形成含鐵層。氧氣透過了讓鐵真的「鏽光光」的方式來肅清海洋中的鐵。

世界新秩序

此種地球化學規則的突變，地質學家稱為「大氧化事件」（Great Oxidation Event，簡稱GOE），其徹底改寫了大氣圈－水圈的構造。游離氧的出現，改變了雨水與陸地岩石之間的化學交互作用，進而變更了湖泊、河流、地下水的成分。某些原先在太古宙河床常見的大礫石種類（尤其是富含黃鐵礦與鈾的礦塊）在這時期從沉積層中消失，因為如今在新的地球化學規則下，這些礦塊已變得不穩定或易於溶解。反之，現代的氧化礦物（硫酸鹽、磷酸鹽礦物，如石膏與磷灰石等）成了岩石紀錄中的常客。突然崛起的生命形態，迫使遠古礦物界的常規出現變動。

游離氧出現在地球表面，也促使平流層中形成了一個臭氧層，除了能保護表面環境免受太陽的紫外線輻射摧殘，也開拓了新的聚落疆界。氧與其他元素組成的新聯盟，使得氮等先前

少見的營養物更易於流動。此種現象在生物圈促發了重大的革新，包括光合作用變得更有效率，進而產生甚至更多的氧氣。就像「破壞性的」技術進展可以創造市場商機，全新的生物地球化學循環也應運而生：單細胞生物居間促成全球物資的交換，碳、磷、氮、硫等元素透過此過程大量交易。14 此時一個學會如何利用氧氣的微小生物創業家，也就是粒線體，與體積較大的細胞攜手進行策略共生合併計畫，開創出真核細胞產線，最終將造就出動物與植物。

　　關於大氧化事件有個懸而未決的疑問，就是自三十八億年前首度出現可行光合作用的生物體，以至約二十五億年前出現游離氧，這之間為何相隔如此之久？其中一個可能性是，在伊蘇阿與瓦拉伍納群岩層形成疊層石的生物，進行了不產氧的光合作用——對熟悉植物的我們來說，似乎是自相矛盾的謬論（在某種程度上可以這麼說）——但某些潛藏在低氧處所（如受到藻類阻塞的湖泊）的細菌，至今仍採行此種代謝策略。這些微生物並沒有透過吸收陽光將二氧化碳與水結合，以轉變成糖（化學式為$CH_2O \cdot n$，而n為3以上）並釋出氧氣，而是利用二氧化碳與硫化氫（H_2S，具有「臭雞蛋」味的氣體）來製造糖，最後排出廢棄物硫。

　　另一個可能性則是，形成疊層石的微生物的確產出了游離

氧，但在其腐敗時，所有的游離氧剛好也很有效率地消耗殆盡。分解是與光合作用恰恰相反的過程——化學反應相同，但逆向進行：微生物製造的糖和其他碳氫化合物，與游離氧發生反應，產出二氧化碳與水（人類喜好的活動——燃燒碳氫化合物15，只不過是加速版的分解作用）。因此，如果光合作用與腐敗過程達到完美的平衡，空氣中便不會積留任何氧氣。然而，十三億年來都能維持這種平衡似乎不太可能，因為至少某些有機物質往往會被埋在沉積物中而未分解（最終成為那些我們喜歡拿來「氧化」的碳氫化合物）。

　　還有另一個可能性是，十幾億年來，任何透過光合作用產生的氧氣，都迅速與渴求氧氣的火山氣體發生反應，尤其是海底火山作用所釋放出的硫化氫。接著，約莫在太古宙末期，地殼結構可能演化成較趨近現代的樣貌，與隱沒作用相關的弧火山活動所產生的氣體減幅縮小，重要性也日益增加。16 某些地

14原注：Zerkle, A., et al., 2017. Onset of the aerobic nitrogen cycle during the Great Oxidation Event. *Nature*, doi:10.1038/nature20826.

15例如日常生活中的許多燃料。

16原注：Kump, L. and Barley, M., 2007. Increased subaerial volcanism and the rise of oxygen 2.5 billion years ago. *Nature*, 448, 1033–1036. doi:10.1038/nature06058.

質學家基於對均變說的固有強烈信念，認為太古宙的岩石就如同阿卡斯塔片麻岩和伊蘇阿綠色岩，是現今地殼結構下的產物。一些狂熱的均變說信徒甚至引用來自傑克丘鋯石的薄弱旁證，主張地球早在冥古宙便已呈現出現代的樣貌。其他地質學家（基於充分揭露原則——我是屬於這一派）則認為，我們必須抑制萊爾在我們腦海中發出的聲音，仔細思量太古宙與冥古宙時期是否有可能存在不同的地殼結構。

理據之一是，當時固態地球較為炙熱（克耳文勳爵的想法有一部分是正確的），海洋地殼不太可能有效率地進行隱沒作用。此外，雖然太古宙的岩石有在對流的地幔上方受到推擠及褶皺的形跡，但其結構與在今日各個堅硬板塊間清晰的邊界上變形的岩石並不相同。較炙熱、脆弱的地殼板塊可能會相互堆疊在一起，並經歷局部熔融作用，萃取出形成花崗岩大陸的成分，所留下的一層厚密的殘岩會下沉回到地幔，這樣的過程有著不太吸引人的名稱，就是水滴式板塊構造運動（drip tectonics）。17

但從太古宙末期的岩石開始，我們就能辨識出現代地殼結構的要素：大陸棚、隱沒帶、火山弧，以及發展成熟的山脈。這些要素顯示出，地球已冷卻到足以形成硬脆的外殼。所以只消新地殼系統「輕推一把」，便可能足以使氧氣的產量

略微超過它的消耗量。事實上，在地球的地殼結構成熟的時機，地表環境的化學作用恰好產生重大的變化，似乎完全合乎邏輯。

雖然大氧化事件是破壞舊有地球化學結構的一級事件，但實際的規模並未大如其名。含鐵層中含有的某些金屬微量元素如鉻等，擁有穩定的同位素，而這些同位素的行為模式深受氧氣濃度影響——也許能將它們比喻成是藏在年代錯置的煤礦中的「前寒武紀的金絲雀」。

從這些同位素的比例可推知，在元古宙早期，大氣層的氧氣含量或許遠低於現今的含量（目前占大氣層體積的21%）——只有不到0.1%。[18] 對我們這些顯生宙的生物來說，這樣的環境不太適合居住。但以所造就的化學可能性來說，毫無游離氧與即使只有少許游離氧之間的差異，可是大於已有少許游離氧與再多一點游離氧之間的差異。

17原注：Johnson, T., et al., 2014. Delamination and recycling of Archean crust caused by gravity instabilities. *Nature* Geoscience, 7, 47–52. doi:10.1038/ngeo2019.

18原注：Lyons, T., Reinhard, C., and Planavsky, N., 2014. The rise of oxygen in Earth's early ocean and atmosphere. *Nature*, 307, 506–511. doi:10.1038/nature13068.

十億年的沉寂

在大氧化事件掀起翻天覆地的劇變後，地球大氣層的地球化學系統似乎已進入漫長的穩定期。雖然含鐵層沉積的主要時期大約在十八億年前終止，但氧氣含量似乎大致維持恆定，遠低於現今的數值，而且往後十億年都是如此。[19] 此種持續的平衡狀態——可比擬為一國經濟好幾十年都沒有經歷通貨膨脹、不景氣，或市場動盪——代表強健的單細胞光合作用生物所供給的氧氣量，與貪婪的金屬、含有硫的火山氣體、腐敗的有機物質所消耗的氧氣量之間，達到極其精細的平衡。此種穩定狀態可能是靠著生物圈力行「簡樸政策」而達成——尤其考慮到所有生物都不可或缺的營養素磷，要取得十分不易。

雖然淺海水域已富含氧氣，但有證據顯示，較深的水域依然處在元古宙早期的過渡狀態。在各處發展狀況不一的狀況下，生物會將珍貴的磷持續從較深的水域搬離、從鐵礦的表面偷走，就像貧窮國家有小偷將錢幣藏在外套裡層私帶出境一樣。如此一來，也造成淺海水域的磷長期供給短缺。生物的生產力因此受到抑制，限制了有機碳的埋藏量，繼而防止大氣層的含氧量攀升。[20]

這個資源匱乏的年代促使各種生物追求低磷生活模式，並

採行新的回收策略。然而，就其他層面來說，演化的腳步似乎沉寂了下來。生物圈雖然充滿形形色色的生物，但仍舊全屬單細胞生物；浮游生物——包括一些直徑長達〇‧八公分，稱為疑源類（acritarch）的巨大真核生物——在海洋中快速繁殖，層石藻悄悄地覆蓋了世界各地的海岸線。地質學家俗稱元古宙這段平和的時期為「無聊的十億年」（Boring Billion）。但這個受到美國動畫卡通《辛普森家庭》中經常喊無聊的角色荷馬‧辛普森（Homer Simpson）所啟發的名稱有失公允，而且可能會誤導大眾——就像歷史書籍一味偏重戰事，而略過史上遠遠較長但「無事發生」的和平時期。

首先，生物圈維持如此平衡久安的狀態，可做為全新世的人類參考的一個範本，藉以修正我們自己在生物地球化學層面的慣常作為。這是因為人類之所以面臨了迫在眉睫的環境危機，乃是稀少資源消耗無度，以及大氣氣體的消長之間極端失衡所造成。元古宙時期的地球不知為何「熟知」永續發展的基

19原注：Planavsky, N., et al., 2014. Low mid-Proterozoic atmospheric oxygen levels and the delayed rise of animals. *Science*, 346, 635–638. doi:10.1126/science.1258410.

20原注：Reinhard, C., et al., 2016. Evolution of the global phosphorus cycle, *Nature*, doi:10.1038/nature20772.

本原則；雖然當時地球化學交易繁盛，但所有物資都在封閉的
迴路中流動——某一群微生物製造商的廢料，成為了另一群製
造商的原料。

　　第二點則是，「無聊的十億年」是堅韌的現代陸核組合起
來的時期，當時新的板塊結構系統將太古宙的地殼板塊聚合
在一起，然後以火山弧的形式生成新增的地殼。在威斯康辛
州，我腳下的基岩——遍布美國中西部及大平原地區（Great
Plains），埋藏在較年輕的沉積岩底下——幾乎全是元古宙的
岩石，是在「無聊的十億年」的造山運動期間形成。這段期
間大陸地殼有廣大的區域被併入古老的加拿大地盾（參見圖
十一）。這段時期也許無聊，但積極厚植基礎建設是另一項可
供我們這些現代的地球居民仿效並從中受益的作法。

　　或許是因為我太過熟悉元古宙的岩石及其歷史——蘇必略
湖地區堪為地質瑰寶的佩諾基（Penokee）與巴拉布山脈、威
斯康辛州中部擁有猛烈熱點的火山、巨大且幾乎將北美撕裂
的中陸大裂谷（Midcontinent Rift）——對我來說，「無聊的
十億年」似乎並非那麼久遠。因此，知道未來經歷等量的時
間，也就是大約在十五億年後，地球將不再適宜居住，讓我不
理性地感到悲傷。光芒依然持續增強的太陽（以每一億年增強
約0.9%的極緩慢比例增加），未來勢必會變得光亮無比，促

圖十一：美利堅合眾板塊——北美大陸如何聚合

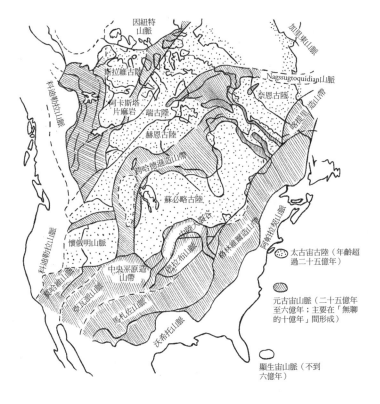

太古宙古陸（年齡超過二十五億年）

元古宙山脈（二十五億年至六億年；主要在「無聊的十億年」間形成）

顯生宙山脈（不到六億年）

使海洋開始蒸發，引發「潮溼溫室效應暴走」現象。[21] 太陽輻射接著會將水分子分解成氫與氧，使其最後逸散至太空。

　　換言之，地球早期的天體轟炸期是在三十八億年前結束，若在這之後，地球環境首度可容生物生存，那麼我們目前已過了地球宜居期將近四分之三的時間。儘管如此，多虧地球隸屬於一顆壽命長達一百億年的黃矮星，因而能享有悠長的壽命存活至今，對此我們應該心懷感激。體積僅較太陽大50%的天體，壽命只有三十億年，相當於地球自形成到「無聊的十億年」中期的時間。在那個時點，地球可是有更大把的事情要做。

最長的冬天

　　一切本來也許可以循著元古宙單調乏味的模式無限延續下去，只可惜大約在八億年前，新的地殼結構系統將大多數的大陸地殼聚合成一個環繞著赤道的大陸塊。地質學家將這塊遠古超級大陸稱為羅迪尼亞大陸（Rodinia），取自俄文ródina，「祖國」之意。就像所有的大陸一樣，羅迪尼亞大陸只是暫存於世，約在七億五千萬年前開始裂開解體，在熱帶緯度地區造就了遼闊的新海岸線。受到滂沱大雨灌注的河流，會

將沉積物與從岩石釋出的元素沖刷入海，在這些相對富含營養物的水域，各種生物應是欣欣向榮。大陸棚的沉積速率居高不下，使得有機碳首次得以大量埋藏，進而降低大氣層的二氧化碳濃度，地球順勢邁入冷卻期。

常年性的海冰應該開始在極區積聚，增加地球表面的反照率，或是反射率，繼而導致地球進一步冷卻——可以說是正回饋（positive feedback）的典範。即使海冰範圍進一步擴張，有機碳的埋藏作用，加上在羅迪尼亞大陸低緯度地區的碎片上，岩石所經歷的強烈化學風化作用（喜馬拉雅山在新生代藉以降低二氧化碳濃度，促使地球冷卻的機制），使二氧化碳持續從大氣層中釋放出來。一旦冰層達到臨界點，反照效應會引領地球進入「雪球」狀態，也就是終年冰凍狀態。

在這個「雪球地球」時期（亦稱為成冰紀，是元古宙底下少數幾個常用的年代名稱之一）究竟發生了什麼事，地質文獻中有大量熱烈的討論。眾人一致同意的是，氣候系統在某段

21原注：Wolf, E., and Toon, O., 2015. Delayed onset of runaway and moist greenhouse climates for Earth. *Geophysical Research Letters*, 41, 167–172. doi:10.1002/2013GL058376. 可喜的是，拜此項研究之賜，地球宜居期的估值得以拉長，不再是令人大感沮喪的一‧七億至六‧五億年！

時間亂了套。從岩石紀錄能清楚看出：在幾乎每一座大陸，這個時代的岩石都是冰川的沉積物——無論是陸上在冰河直接作用下，由巨石與黏土所組成的雜亂混合物，或是夾雜冰山攜帶而來的大礫石，具有細密層理的海洋沉積物。由於地球的水有大量鎖在冰川冰中，海平面應該會下降數百英尺，使各座大陸有廣大的面積暴露出來而遭受侵蝕，這種情形至少持續到深冰河時期開始，地表作用停頓下來為止。美國大峽谷的「大不整合面」（The Great Unconformity），是介於諸如毗濕奴片岩（Vishnu Schist）等元古宙變質岩，以及第一個地層單位，也就是寒武紀塔皮茲砂岩層（Cambrian Tapeats Sandstone）之間的不整合面，其記錄著空缺的「雪球地球」年代 22 。

　　因此，儘管元古宙末期無疑出現了一波「超級寒流」，但種種細節，比如地球凍結的程度、生物圈如何存活下來、地球如何從低溫狀態脫離出來等，引發了學術界的熱烈爭辯。

生命之春

　　但顯然地球並未再度升溫。也許是火山的氣息，逐漸將地球從綿延好幾千年的低溫昏迷狀態中喚醒；這段期間火山應該會持續爆發，其他的地質作用則是中止。又或者是在海底封存

已久的生物衍生甲烷（biogenic methane）突然猛烈冒出，在幾個月或幾年的時間內，將這顆冰凍的星球轉變成一座暖房。岩石紀錄的解析度與定年法的精準度尚不足以提供有力憑據，無法幫助我們判別哪個可能性才是答案。

　　無論如何，「雪球地球」年代的結束，促發了堪稱是「大規模曝氣」（Great Aeration）的作用，是游離氧含量第二個顯著增加的階段，地球的第四個大氣層，亦即現今的大氣層，於焉誕生。沉積岩中對氧氣敏感的微量元素，終於開始顯露出現代的行為模式，顯示氧氣濃度由極微小的比例躍升至趨近當前的數值。但長期統治地球，處於半充氧狀態的元古宙王國是如何遭到推翻，詳情無人知曉。或許是「雪球地球」的冰川將岩石磨蝕成粉，從中釋出的磷大量流入海洋，繼而孕育出海洋生物。[23] 也有可能是在大地冰封與還暖的過渡期間，海洋的深淺水域劇烈混合，最後瓦解了稱霸十五億年之久的地球化學層。

　　氧氣濃度即使只是升高一點點，經過演化而能利用氧氣

22此年代的岩層在不整合面中憑空消失。

23原注：Planavsky, N., et al., 2010. The evolution of the marine phosphate reservoir. *Nature*, 467, 1088–1090.

進行代謝作用的生物，便能以遠遠較高的效率從環境中擷取能量，長成比先前任何生物都要來得大的形體。就在「雪球地球」年代結束的一百萬年內，一種由鬆軟狀生物組成，肉眼可見的生態系統，出現在世界各地的化石紀錄中。此種怪異的新生態系統稱為埃迪卡拉動物群（Ediacaran fauna），分布地區包括澳洲南部、俄羅斯的白海（White Sea）地區、英格蘭的萊斯特郡（Leicestershire）及加拿大的紐芬蘭島（Newfoundland）。這些奇形怪狀，貌似連帽羽絨外套的生物，長得像是飛盤或蕨葉，後者可高達一公尺，身體擁有固著器，可牢牢固定在海床上。這些生物沒有內臟或礦化的外殼，顯示其生活的世界充滿祥和，養分充沛，沒有遭到掠食的威脅。當中有些可能是較晚近、較為人熟悉的海洋生物種類的前身，例如腕足動物或穿孔貝類。但其他生物似乎是早期為了建構更大型生命體的演化實驗產物，未有現代的後裔存在。

　　然而，埃迪卡拉動物群的先鋒地位並沒有維持太久。在大概四千萬年內，海底成為「寒武紀生物種大爆發」時期的要地。在這段大爆發的期間，形形色色的物種狂亂湧現，而首次現身的肉食動物，上演了一場掠食者與獵物間的軍備競賽。自此之後，這些動物就如同《威利狼與嗶嗶鳥》（*Wile E. Coyote and the Road Runner*）的兩位主角，不斷施展各種計謀來擊敗

彼此。對於只有一口大小的生物來說，以碳酸鈣為原料的堅硬保護殼，成了不可或缺的裝備；而對於大型的肉食動物來說，專門的游泳與獵殺裝備則成了基本配備。

　　寒武紀大爆發時期的演化速度依然是具有爭議性的話題，造成古生物學家與生物學家相互論戰；生物學家是採用基因體研究方法，判別生命之樹何時首次出現不同的分枝。化石紀錄顯示，大約五億四千萬年至五億二千萬年前這段期間，是空前且絕後的生物創新時代。但化石證據與各種分子鐘（molecular clock）24 的估算結果並不一致。分子鐘的計算，乃是假設在演化譜系（evolutionary lineage）中，蛋白質編碼基因（protein-coding gene）會以恆定的速率累積取代變異（substitution）。大多數的分子分析結果顯示，動物界是在元古宙晚期，也就是七億五千萬年至八億年前開始形成，海綿也許是當中最早的成員。寒武紀「大爆發」反而可能其實是一段緩燃的導火線。25 然而，如此一來，人類初生時期便落在陰冷嚴寒、似乎

24根據生物大分子的突變率推斷兩個或多個生物在演化史上分離的時間的技術。

25原注：Erwin, D., et al., 2011. The Cambrian conundrum: Early divergence and later ecological success in the early history of animals. *Science*, 334, 1091–1097. doi:10.1126/science.1206375.

不太可能提供安身立命之所的「雪球地球」年代。

　　古生物學家與生物學家之間的歧見，顯示出兩者間耐人尋味的文化差異。常駐田野進行考察的古生物學家，見慣化石生物的各種獨特面貌，願意欣然接受演化速率並不恆定的概念。反之，主要在實驗室進行研究的分子生物學家，平常是透過細胞結構來觀察生物的機制，比地質學家更堅信均變說。對維多利亞時代的地質學家來說，前寒武紀是一個隱晦不明的年代，儘管現今已絕非如此，但從前寒武紀跨界進入寒武紀的這段過渡時期，依舊呈現朦朧不清的樣貌。

　　在大多數的古生物學教科書中，寒武紀大爆發是生命史的開端，由三葉蟲、肺魚、成煤木本沼澤、暴龍、翼手龍、大地懶、長毛象、原始人類等共同譜寫的歡鬧故事，在此時開啟序章。不過最重要的是，寒武紀的世界與現代的生物圈並無多大差別——幾乎所有主要的動物門皆已存在，而接下來的五億年間，這些同樣的生物將組成複雜的氧依賴性（oxygen-dependent）生態系統。這些生態系統擁有多層次的食物網，並向各座大陸與天際擴張，發展出更能適應周圍環境的獨特生存之道。再接下來的五億年，每當棲息環境變遷過於快速，尤其是就大氣層而言，這些生物就會遭到重創。

謝幕

　　在十九世紀，地質學科以古生物學為研究主軸，甚至早在達爾文於一八五九年出版《物種起源》之前，化石便已用來劃分地質時間的單位。維多利亞時代的地質學家詳加記載了特定譜系的漸進變動，像是身軀呈螺旋形的菊石；菊石的外殼擁有華麗的飾紋，並且具有獨特性，好比箍裙或是馬鞍鞋，可以代表特定的年代。但地質學家也在岩石記錄的某些時點發現到，化石的變化不只是「戲服」的細節一點一滴在改變，甚至還出現演員陣容全體撤換，以全新的劇團取而代之的情況。基於此種演化中斷現象，約翰・菲利普斯（John Phillips）──他的舅舅是曾參與運河開鑿工作，發想出指準化石概念的威廉・史密斯──於一八四一年主張，生命史包含了三大重要篇章：古生代、中生代、新生代，代表生命的老中青階段（在古生代起始之前三十幾億年的太古宙，蘊藏著更深遠的生命起源，但世人要再過一個世紀才會意識到它的存在）。

　　菲利普斯從小父母雙亡，由史密斯撫養長大，幼時曾多次跟隨史密斯四處考察化石。他是一位傑出且深具洞察力的古生物學家，但後來強力反對達爾文的物競天擇演化論，認為動物與其生存環境能巧妙匹配，乃是體現神的計畫（顯然允許重新

修正）。菲利普斯在生涯的晚期與克耳文勳爵聯手抨擊達爾文關於「地質年代的持續時間浩瀚無比」的主張。[26] 儘管如此，他對動物演化史詩篇章的劃分還是相當敏銳適切。

達爾文自然是受到菲利普斯激怒，但也無法否認，化石紀錄的確似乎有一部分突然消失無蹤，原因令人費解。然而，達爾文深信演化過程是以一貫的步伐推進，並不認為化石紀錄憑空消失就可以證明曾有天災來襲。達爾文完全接受生物滅絕的概念；實際上，生物持續遭到淘汰是他的理論的核心要點。但他認為，沉積岩層序之所以出現生物突然滅絕的跡象，只不過是沉積過程斷斷續續所致。

達爾文在《物種起源》中，花了一整章的篇幅闡述「地質紀錄的缺陷」。他於文中強調，岩石僅記錄了一小部分流逝的時間。他寫道：「就大多數地質學家的意見來說，在各個相繼形成的岩層之間，存在著極其漫長的空白時間片段。」達爾文也主張，在岩層實際開始沉積時，其速率可能不足以捕捉正在進行的演化過程：「雖然各個岩層可能標示著一段極為漫長的年代，但與某一物種演化成另一物種所需的時間相比，可能還是太短暫。」他以敏銳的洞察力進一步推測，我們對化石紀錄的解讀有所偏頗，這是因為我們只能在曾有沉積物堆積的環境下（否則就沒有岩石了）發現化石，但這些環境未必都是生

物可能棲息過的地方。達爾文為化石紀錄中斷情形辯解的論
點，直到二十世紀中都將盛行不墜。但到了二十世紀中，地質
年代已經過精細校正，足以佐證一項不可否認的事實，就是有
時良善的生態系統還是會突然遭逢厄運。目前我們已知，自寒
武紀時期開始，曾經發生過至少五次生物大滅絕事件，以及
許多小型的滅絕事件。雖然在每樁滅絕事件之後，地球上的生
命最終都會恢復生氣，但會產生不可逆轉的改變，而存活下來
的生物將憑藉著機緣和得來不易的適應能力異軍突起，構築出
生物圈的美麗新世界。

末日來臨

　　在正常情況下，物競天擇的手術刀會一絲不苟，根據翅膀
顏色或嘴喙形狀最細微的差異，決定切除這隻飛蛾或放過那隻
雀鳥。但在生物大滅絕中，這把手術刀便成了演化過程的大彎

26原注：克耳文寫給菲利普斯的一封信中的用語。Quoted in Morrell, J.,
　　2001. The age of the Earth in the twentieth century: A problem (mostly) solved.
　　In Lewis, C., and Knell, S., *The Age of the Earth from 4004 BC to AD 2002*.
　　Geological Society of London Special Publication 190, 85–90.

刀。在眾多地點和棲息地，整個生物分類群（不僅是在個體或物種層級，而是包含整個屬、科、目）都在刀鋒快速而肆意的揮舞下遭到砍殺。生物大滅絕的成因，通常與在物競天擇機制下帶動自然疏化（thinning）作用的因素大為迥異，就像戰爭或瘟疫造成的死亡，和個人發生意外或患病所造成的死亡，在本質上是不同的。古生物學家以偏離物種滅絕背景速率的幅度，來量化不同族群滅絕的嚴重程度。舉例來說，新生代兩棲動物滅絕的背景速率，是每年不到0.01個物種，或是每個世紀大約有一種青蛙或蠑螈滅絕。27 生物大滅絕意味著演化與環境變遷通常相稱的節奏——長時間以來配合無間，就像地殼運動與侵蝕作用齊頭並進——已不再協調同步。緩慢的地質變遷（山脈的成長、大陸的分離等）可激發生物圈的創新力量，但驟然而至的轉變卻可能將之徹底摧毀。在生物大滅絕事件中，由於某種原因使然，環境的變動加快到大多數的生物都追趕不上的程度。

　　我在一九八〇年代初期上大學時，曾經修習地史學課程，教科書上關於白堊紀末期生物大滅絕的各種假說，如今讀來可說是興味十足。就在這段時期之後沒多久，阿爾瓦瑞茲父子所提出的隕石造成恐龍滅絕的假說，開始獲得地質界的重視。這時論據薄弱的舊有演化概念，也就是恐龍行動遲緩、腦筋又笨

（因此「活該」滅亡），已由新的論述取而代之。根據新的論述，恐龍其實行動輕快、屬於溫血動物，又具有社會性（在某些情況下），甚至相當聰明。所以要滅除恐龍就變得較為困難，而關於恐龍死因的各種提案，像是全球冷卻效應、出現致命瘟疫、遭到吃蛋的哺乳動物滅族、對剛演化出的開花植物過敏而致死（！），似乎都不足以形成可滅絕恐龍的急劇衝擊。唯一提到地球以外成因的假說，乃是認為遠方超新星所發出的宇宙射線，可能就在這時抵達地球，而地球正好出現磁場反轉現象，處於最低的防護狀態——確實是個「disaster」（災難），而這個字在希臘文正是意指「bad star」（凶星）。

　　現今讀到這種種假說，感覺像是重溫了歷史上較溫厚靜好的時光，因為關於生物大滅絕的科學主張，似乎反映出當代社會對自身存在的焦慮感；過往的地質事件通常可做為一片投影螢幕，讓我們將自己最深切的恐懼投射上去。這並不是說關於生物大滅絕的假說不科學，而是新類型的末日浩劫所帶來的恐懼，使我們對過往大災變的各種可能情境更具想像力。做為生

27原注：McCallum, M., 2007. Amphibian decline or extinction? Current declines dwarf background extinction rate. *Journal of Herpetology*, 41, 483–491. doi:10.1670/0022–1511.

活在特定社會環境及歷史時刻的人類，地質學家也不免受到主流時代精神的影響。相較於二十、二十一世紀焦慮不安的情緒，維多利亞時代洋溢著樂觀氣氛，期待科技與科學上的進展造福整個人類。維多利亞時期之所以抱持樂觀精神，除了如同萊爾般忌諱用災變論來交代地質現象成因（特別是針對老舊的聖經論派），也可能是因為當時的人民並未對幻想的末日景象憂心忡忡，世界末日的意識在科學界根本不存在。

然而，在一九八〇年，維多利亞時代的人民無法預見的可怕科技進展，使人類文明面臨威脅，阿爾瓦瑞茲父子就是在冷戰後期的焦慮時刻提出隕石撞擊假說。此一假說主張，在隕石撞擊地球後，遭到粉碎的岩石衝入平流層，形成一層遮天蔽日的煙塵，阻擋了光合作用，繼而引發大飢荒。此番描述與卡爾‧薩根及大氣化學家保羅‧克魯岑（Paul Crutzen）在一九七〇年代描繪的「核導冬天」（nuclear winter）情境如出一轍。同年聖海倫火山（Mount Saint Helens）爆發，令人更容易聯想到瀰漫煙塵的世界末日。

及至一九九〇年找到希克蘇魯伯隕石坑之時，柏林圍牆已然倒塌。隨著核武浩劫的威脅開始從集體意識中逐漸消逝，取而代之的，是另一股日益高漲的認知，也就是犯下危害環境的罪行，恐將導致人類衰亡。有證據顯示，酸雨正在毀壞新英格

蘭與斯堪地那維亞地區的森林，這是數十年以來燃燒煤炭時排放硫磺而產生的後果。在白堊紀末期，海洋生物滅絕的情況因海域不同而有差異，深水區有殼動物的境況，要比淺水區的同類來得好，正好與海洋受到硫酸酸化後產生的情景極為相似。尤卡坦半島隕石坑內的岩石含有大量的硫磺成分：當中包括厚厚好幾層的硬石膏（anhydrite），或稱無水硫酸鈣（anhydrous calcium sulfate）。此種礦物在隕石撞擊時會蒸發而被拋入大氣層，然後化為熾熱的酸雨降落下。一九九一年菲律賓的皮納土波火山爆發（力道比聖海倫火山還要大十倍），從中可窺見更多端倪。在溫室氣體濃度不斷攀升之下，全球氣溫升高已勢所難免，但這場爆發投射至平流層的硫酸鹽微粒，足以阻斷全球升溫之勢達兩年之久。從二百四十公里寬的尤卡坦半島隕石坑噴發出的大量硫磺，應該造成了遠遠更嚴重的冷卻效應（已習慣白堊紀溫暖氣候的生物因此遭受摧殘），並在最後化為地獄之雨，從大氣層掉落下來。如此看來，硫，而不只是粉塵，必定是白堊紀末生物大滅絕的元凶。

　　但許多古生物學家同樣仍不滿意此番解釋。腐蝕性的酸雨理應對淡水的生態系統傷害尤甚，但是棲息在這些環境的物種，包括青蛙和其他對水的化學性質改變敏感的兩棲動物，存活率卻逼近90%──遠高於棲息在旱地的物種；旱地物種只有

12%挺過這場大災變。由於任何提出的殺戮機制都無法為化石記錄的細節提供解釋，促使一些古生物學家主張，這顆天外飛來的小行星尚有共犯，其所撞擊的是早已遭受其他傷害而變得虛弱的全球生態系統。最常受到指稱的共犯是火山活動，尤其是生成德干暗色岩（Deccan Traps）的爆發事件；德干暗色岩位於現今的印度，由一・六公里厚的玄武岩流所構成。在滅絕發生前的數萬年間，自火山湧出的熔岩釋放出巨量的二氧化碳，在此種情況下，地球環境已是岌岌可危，這時來自天外的一擊便造成了致命傷。希克蘇魯伯隕石坑遺址厚厚的石灰岩層蒸發後，會將更多的二氧化碳注入到空氣中，所以地球在受到火山灰籠罩而經歷好幾年的嚴寒後，氣候又變得炙熱不已。近期對白堊紀末日情景的重建結果顯示，殺氣騰騰但又風采翩翩的小行星得讓出一部分的舞臺，給比較不那麼迷人的溫室氣體。

烏煙瘴氣的日子

在白堊紀末隕石撞擊假說提出後的十年間，對於生物大滅絕的研究，成了古生物學界特有又時興的分支學科。對於信服新「合法化」災變說的人士而言，似乎所有的大滅絕事

件,最後都可以怪罪到隕石撞擊頭上。傑克‧塞普考斯基
(Jack Sepkoski)是芝加哥大學優秀的古生物學家。他率先
體認到「大數據」在古生物學的潛在效用,並認為自己根據
數以千計化石目錄的分析結果,已經發現古生物的絕種是每
二千六百萬年發生一次。他基於論理有點奇特的新均變說,猜
測間歇性發生的滅絕事件,可能與地球定期通過銀河系的螺旋
臂(spiral arm)有關,因為在通過之時,彗星軌道可能會變得
不穩定。28 此說引發各界熱切搜尋其他大滅絕發生時期,地
球受到重大衝擊的證據,讓隕石撞擊成坑過程從邊緣研究領
域,躍升為地質界的主流研究領域。但三十年之後,沒有其他
重大的生物危機確信是與彗星或小行星墜毀在地球有關聯。從
中可以體認到一個事實,就是有時這個星球上的生命就是會遭
逢厄運,而且全然是地球系統本身的因素所造成。

除了白堊紀末的大災變,其他重大的滅絕事件依時序先後
包括:一、約莫四億四千萬年前奧陶紀晚期的滅絕事件,其為
繼寒武紀大爆發後,首次發生的生物銳減事件;二、泥盆紀晚

28原注:Raup, D., and Sepkoski, J., 1984. Periodicity of extinctions in the geologic
past. *Proceedings of the National Academy of Sciences*, 81, 801–805.

期兩次距離相近的滅絕事件（約三億六千五百萬年前），這時肉眼可見的生物已登上了陸地；三、二億五千萬年前二疊紀末期的生物浩劫，是有史以來最嚴重的生物大滅絕，菲利普斯巧妙將之標記為古生代的結束；四、三疊紀晚期的滅絕事件，在二疊紀生物圈大崩解後僅五千萬年，生物又再次遭到殘酷的重擊。視這些大屠殺嚴重程度的衡量基準而定（以消失的物種、屬或科的數目計算），恐龍絕種名列第四或第五大滅絕事件。

　　雖然這些災禍的犧牲者及發生原委，在細節上各有差異，但還是有些驚人的相似度（參見附錄三）。其一是，在所有的事件中（包括白堊紀末的事件）都出現急遽的氣候變遷，而除了泥盆紀事件外（當時熱帶海洋變成冰冷的海域），所有的事件也都和氣候快速暖化相關。其二是，所有事件都有碳循環和大氣層碳含量受到重大干擾的情形，無論是火山異常溢流（effusive）噴發（二疊紀、三疊紀、白堊紀），以及／或生物圈固存的碳量與已儲存的碳氫化合物釋出的碳量之間失衡（奧陶紀、泥盆紀、二疊紀、三疊紀）所造成。第三則是，在所有事件中，海洋的化學性質都迅速改變，包括海洋酸化而毀滅分泌方解石質的生物（二疊紀、三疊紀、白堊紀），以及／或缺氧面積廣大（形成死亡海域〔dead zones〕），使除了嗜

硫細菌外幾乎所有生物都窒息而死（奧陶紀、泥盆紀、二疊紀）。

　　事實上，在所有滅絕事件發生後的一段時間內（幾十萬年到幾百萬年不等）只有微生物欣欣向榮，生物圈的其他成員則是努力恢復生機以重新站起（或是歸於沉寂）。人類若妄想自己是生命三十五億年演化史的最終勝利者，那麼規模甚廣的生物大滅絕事件將挑戰這份自負。生命永不停止創新的步伐，不斷進行修正與實驗，但並未追求特定的進展。對我們哺乳類來說，白堊紀的滅絕事件是種小確幸，為我們的黃金年代清理出一條康莊大道，但若生物史是從原核生物而非肉眼可見生物的觀點來撰寫，這些滅絕事件幾乎是不值一提。即使在今日，原核生物（細菌與古菌）仍至少占地球所有生物量的50%。[29] 我們可以說，地球的生物圈是一個由微生物統治的「微政體」，而且向來都是如此。當體形較為龐大、一心向上爬的生命體搖搖欲墜，適應能力無極限、演化的時間尺度以數月而非數千年計的微生物，就會迫不及待地接管一切，重申對這個星

29原注：Whitman, W., Coleman, D., and Wiebe, W., 1998. Prokaryotes: The unseen majority. *Proceedings of the National Academy of Sciences*, 95, 6578–6583.

球長久以來的統治權。

　　也許最重要的一點是，沒有任何生物大滅絕事件（甚至是相對「單純」的白堊紀災變）可完全歸咎於單一因素；所有事件發生當時，數個地質系統都一度出現快速變化，繼而在其他系統引發連鎖反應。從某些角度來看，這點是令人心安的；這表示必須要各種因素匯聚成「完美風暴」才能打破生物圈的穩定狀態。然而，許多肇因，如溫室氣體、碳循環受到干擾、海洋酸化、缺氧情形等，不巧都是當前地球居民熟悉的景象。如果一場潛在的災變有多重成因，那麼就不可能有精確的預測，也不會有能夠一舉解決問題的萬靈丹。

　　大氣層的歷史提醒了我們，在我們頭頂上的這片天空，並不是地球唯一或最終的屏障。當大氣出現變化，即使在度過漫長的穩定期之後，其效應還是可能以迅雷不及掩耳之勢反撲而來，斯瓦爾巴群島日漸乾枯的冰河即可為證。在這些「變遷之風」遺留的餘波中，生物地球化學循環的動盪，會有如漣漪般蔓延到各個階層的生態系統。將一切投注在舊世界秩序的生物將受苦受難，或甚至就此滅亡。與此同時，微生物則是悄聲收拾殘局，向倖存者頒布新的一套生存法則。胡亂操弄大氣層的化學性質是相當危險的行徑；各種力量有可能憑空竄出，最後令人窮於應付。

第5章
高速推進的變遷

愚者可以摧毀樹木，但他們罪無可逃。
　　——約翰·繆爾，《我們的國家公園》（*Our National Parks*），
　　　　　　　　　　　　　　　　　　　　　　一九〇一年

挖寶失心瘋

如果想取得美國大多數學院與大學的地質學學位，必須通過一項儀式，就是參加「野外考察」（field camp）。傳統上，這是一門為期六週的營隊課程，地點在美國西部某一州，地形崎嶇不平，有大量光禿禿的岩石曝曬在陽光底下的地方。在此，有志成為地質學家的學生學習如何繪製岩石單位與礦床的圖像、記錄地層層序、描繪剖面圖，以及解讀地貌。昔日的地質考察營是讓學生「一分高下」的課程。所幸，我自己在明尼蘇達州大學的地質考察營，是由理念較開明的教授來指導。儘管明尼蘇達州本身有眾多有趣的岩石可供考察，但我們的地質

考察營是選在科羅拉多州中部景致壯觀的沙瓦蚩嶺（Sawatch Range）舉辦。

我們每週可以放假一天，享受美好的自由時光。而在其中一個放假日，我們一群人展開長途跋涉，想要探查我們聽說過的一座古老偉晶岩礦。偉晶岩是一種奇特的火成岩，以含有超大的晶體而著名。這些晶體由罕見且色彩繽紛的礦物組成，是稀土元素的礦源，而由於稀土元素是高科技產品如電池、手機、數位儲存媒體不可或缺的原料，偉晶岩的價值也跟著水漲船高。偉晶岩是在某些花崗岩岩漿固化的最後一個階段形成。此階段會產生過冷現象（undercooling）和高濃度的岩漿氣體，讓晶體能夠以較平常快上許多倍的速度成長。若以規模有如聖海倫火山的火山為例，一般在其底下岩漿庫形成的石英或長石晶體，可能會以每個世紀約〇·六公分的悠閒步伐成長。[1] 另一方面，偉晶岩晶體是礦物界的小藍鯨，體積每年可以激增好幾英寸。[2] 雖然偉晶岩在適當的條件下可以快速形成，卻相當稀有——不太能算是可再生的資源。我們所要尋覓的偉晶岩年代十分古老，在至少十五億年前的中元古代形成，時代遠比現代的洛磯山脈來得久遠。

我們找到前往廢棄礦區的路——在「不得擅進」的牌子前略微遲疑了一下——然後循著一連串的廢石堆前進，在一座

被炸得半開的山丘側面看見一個凹陷的空地。我們在那裡發現偉晶岩迷（礦物學家特有的次文化）口中所稱的寶穴（gem pocket）。我們彷彿走入古典風復活節糖蛋的粉彩世界：白色長石的巨大晶體，裝飾著一簇簇的紫色雲母（鋰雲母），以及粉紅與綠色碧璽的六角形稜晶。有些碧璽活像是袖珍寶石版的西瓜片，帶有綠色的薄皮和粉紅色的瓜肉。剎那間，我們都變得貪婪無度，想盡可能帶走這些珍寶，能搬多少是多少。我們身上帶有地質錘，但尖端並不鋒利，原本是為敲碎岩石而設計，不能用來掘取脆弱的晶體。我成功挖出少許小顆的深粉紅色碧璽，然後發現了一樣珍寶：一顆完美無瑕的西瓜色晶體，約有八公分長。這顆晶體位在鄰近洞穴頂端的死角，幾乎沒有揮動錘子的空間，但我下定決心非拿到手不可。我開始一遍又一遍地敲打，幻想著之後要如何在家中展示這項戰利品，但就在此時一個不小心，我失手把這顆晶體敲碎了。

　　在那一刻我似乎驟然清醒，好像剛被解除了一道惡咒，

1 原注：Cooper, K., and Kent, A., 2014. Rapid remobilization of magmatic crystals kept in cold storage. *Nature*, 506, 480–483. doi:10.1038/nature12991.

2 原注：Webber, K., et al., 1999. Cooling rates and crystallization dynamics of shallow level pegmatite-aplite dikes, San Diego County, California. *American Mineralogist*, 84, 718–717.

而這道惡咒打從我們進入這個寶穴，就將我們的神智吞噬殆盡。我突然對這整個挖寶事業失去興趣。浸淫在地質界好幾年後，我對地質時間有了一些體悟。我發現到在那貪婪的一瞬間，我竟然不經意摧毀了一樣見證過地球三分之一歷史的珍品──包括大部分的「無聊的十億年」、雪球地球、動物的出現、生物大滅絕、洛磯山脈的成長等。在我周遭滿是寶穴受到毀損的痕跡，此景和我身為共犯的事實，都讓我感到噁心。

而今眼見斯瓦爾巴群島冰川的消逝──以及威斯康辛州更形蕭索的冬天──我內心也有同樣的感受，因為我個人喜愛遊走各國、長時間熱呼呼地淋浴，從更廣的層面來看，更是這個嗜用化石燃料社會的一分子，理應為此番景象受到譴責。在我的生命歲月中，人類已經輕率地搗毀了遠古的生態系統，而經過漫長時間演化而成的生物地球化學循環，也在我們手中化為殘片。我們已驅動了在地質史上少有前例的變遷，而這些變遷將使得遙遠的未來蒙上長長的陰影。

人類世年鑑

在上個世紀某個時點，我們跨越了一個關鍵點，就是人類造成的環境變動速率，超過了許多自然地質與生物作用所造成

的變動速率。此一門檻標示著地質年代表上一個新年代的開
始，亦即新提出的「人類世」。人類世一詞是榮獲諾貝爾獎的
大氣化學家保羅‧克魯岑在二○○二年所創，該詞旋即受到
地質文獻引用並成為熱門詞彙，用來指稱這個前所未有的年
代，就是地球的行為模式深受人類活動影響的時期。

二○○八年，倫敦地質學會（Geological Society of
London）一群地層學家發表了一篇短論文，針對如何正式定
義人類世提出量化的論據。[3] 作者群列舉出五大不同的系統，
在這些系統中，人類活動作用的速率至少是地質作用速率的兩
倍。相關數據如下：

‧侵蝕與沉積作用：人類作用的規模較全世界河川的作用
高出一個數量級（為後者的十倍）；

‧海平面上升：過去七千年來趨近於零[4]，但目前每世
紀上升約○‧三公尺，二一○○年預計將以其兩倍的速度上

3 原注：Zalasiewicz, J., et al., 2008. Are we now living in the Anthropocene? *GSA Today*, 18(2), 4–8. doi:10.1130/GSAT01802A.1.

4 原注：Lambeck, K., et al., 2014. Sea level and global ice volumes from the Last Glacial Maximum to the Holocene. *Proceedings of the National Academy of Sciences*, 111, 15296–15303. doi:10.1073/pnas.1411762111.

升；

　　‧海洋化學性質：好幾千年來亦維持穩定，但目前酸性較一個世紀前多0.1 pH單位；

　　‧物種滅絕速率：目前為背景速率的一千至一萬倍；5

當然還包括：

　　‧大氣層中的二氧化碳：目前濃度達400 ppm以上，比過去四百萬年來（在冰河期之前）任何時期都要高，人類活動的排放量是世界所有火山排放量的一百倍。6

　　其他作者也指出，磷與氮流出到湖泊及近海的速率（導致缺氧死亡海域形成），目前達到自然作用速率的二倍以上，主要是農業肥料逕流所造成。7 而透過農業施作、濫伐森林、放火及其他土地利用活動，人類支配了陸地四分之一的淨初級生產力（net primary productivity）──植物的總光合作用力。8

　　大多數的地質學家認為，這些赤裸裸的事實為採用「人類世」一詞提供再充分不過的理據，其不僅是相當有力的概念，也可做為地質年代的正式單位，與更新世（冰河期，二百六十萬年至一萬一千七百年前）和全新世（主要記錄著

人類的歷史）同屬一個層級。人類在地球引發的變化規模之
大，堪與生物大滅絕事件比擬，而且在不到一個世紀就「達
成」。然而，可劃分地質年代其他界線的大滅絕事件，除了白
堊紀末的隕石撞擊外，都是在數萬年間緩慢醞釀出的結果。

　　國際地層委員會（時間的國會殿堂）已著手研討此議題，
而主要的爭論相當官僚化：尤其在於，究竟應如何界定人類
世的起點。是否應如地質年代的其他界線，有全球界線層型
剖面和點位（GSSP，或稱「金釘子」）？用來劃分全新世的
GSSP，是格陵蘭冰帽內一個特殊的冰層，其同位素訊號可標
記全新世時氣候開始變暖的時點。[9]雖然冰的存續時間比岩

---

5 原注：Center for Biological Diversity, http://www.biologicaldiversity.org/
programs/biodiversity/elements_of_biodiversity/extinction_crisis/.

6 原注：Gerlach, T., 2011. Volcanic vs. anthropogenic carbon dioxide. *Eos,
Transactions, American Geophysical Union*, 92, 201–203.

7 原注：Rockstrom, J., et al., 2009. A safe operating space for humanity. *Nature*,
461, 472–475. doi:10.1038/461472a.

8 原注：Haberl, H., et al., 2007. Quantifying and mapping the human
appropriation of net primary production in Earth's terrestrial ecosystem.
Proceedings of the National Academy of Sciences, 104, 12942–12947.
doi:10.1073/pnas0704243104.

9 原注：Walker, M., et al., 2009. Formal definition and dating of the GSSP (Global
Stratotype Section and Point) for the base of the Holocene using the Greenland
NGRIP ice core, and selected auxiliary records. *Journal of Quaternary Science*, 24,
3–17. doi:10.1002/jqs.1227.

石來得短，但這個冰層位於地表下逾一千四百公尺處，目前尚無融化之虞（此外，該冰層也有一份樣本存放在哥本哈根大學的冷凍庫）。人類世亦可同樣以極冰內的獨特訊號來界定──也許是罕見同位素的濃度忽然飆升。這是人類可恥的遺毒，「紅字A」（Scarlet A）的烙印；這個A字代表了人類在一九五○與六○年代的原子彈（atomic bomb）測試。但這個鄰近地表的冰層，恐怕很快就會成為人類世氣候的犧牲品；世界各地冰川所留存的紀錄，正以令人驚駭的速率消失。以安地斯山的奎爾卡亞冰帽（Quelccaya Ice Cap）為例，在這座高聳的山脈積存了一千六百年的冰雪，在過去二十年已經消失無蹤──連帶摧毀了可追溯至古老納斯卡族（Nazca）年代的詳盡天氣紀錄。10 冰川（glacial）一詞本可用來形容「緩慢到難以察覺」的變動，但這個用法很快就會變得不合時宜；今日，冰川是大自然中變化十分快速的實體之一。

　　因此，一些地質學家建議採例外方式來界定人類世的時間，應選用曆年（或許是一九五○年）而非以自然界留存的紀錄做為正式的起始點。畢竟，我們人類是唯一為此苦惱的生物，只要人類存在世上，就可以向彼此提醒這個年分。倘若在某個時點人類消失了，恐怕沒有其他生物會為人類世的定義感到煩惱。就許多層面而言，人類世的確切起點並不如其背後的

概念來得重要。

　　對地質學家來說，更微妙的思考點在於，人類世這個概念明顯背離了赫頓與萊爾在地質界奠立的學理基礎。赫頓的偉大洞見是，過去與現在並非是由不同法則支配的分離領域，而是透過地質作用的連續性連接在一起。萊爾的巨著《地質學原理》則是以大篇幅的論辯勸籲讀者，「過往的地質變動較現今更為快速」這個概念不值採信。但現今的人類世反轉了這個概念，強調現在的地質作用是如何快過往日的作用。我們試圖不依賴均變說來預測未來的地質面貌。此一處境很奇妙地仿似十九世紀前的地質學家，他們在當時沒有任何準則可據以了解地質的過往。儘管如此，我們也只能參考近期的地質紀錄，試圖找出可能與當前這個不確定的年代相仿的歷史片段。

氣候欠佳

　　可控制氣候狀況的建築與終年可得的新鮮水果，讓二十一

10原注：Thompson, L., et al., 2013. Annually resolved ice core records of tropical climate variability over the past 1800 Years. *Science*, 340, 945–950. doi:10.1126/science.123421.

世紀富裕國家的公民將天氣視為生活中的背景，而非要角。我們也許會抱怨當地天氣預報不準確，或因為下雨破壞了週末的計畫而惱火，但就整個社會而言，我們大半對天氣漠不關心，直到日常生活受其擾亂為止。我們不去衡量好天氣的價值（想像一下這則頭條新聞：「上週陽光對地方農民的貢獻價值達一千萬美元」），而是將不良的天氣狀況（暴風雪、颶風、熱浪、乾旱、水災）描述為造成重大損失，剝奪各行各業「正當」獲利的反常現象。也就是說，我們假定天氣通常是穩定溫和的，因此在天氣未如預期時經常感到訝異。

天氣與氣候對人類文明的長期影響，是一個新跨學科研究領域的焦點所在，這個領域整合了史學、經濟學、社會學、人類學、統計學及氣候學。若回顧過去二千年的人類文明發展，可以發現一個顯著的模式，那就是社會充滿不安與衝突的時期，恰好也是氣候異於平常的時期，即使只是略微反常亦然，並有大量的統計數據可佐證。11

比方說，在中世紀初的歐洲，平均氣溫只是較平常降低一度就導致作物歉收，在公元四百年至七百年間引發大規模的遷徙及部落衝突。約莫在西元九百年，太平洋氣候模式改變引發長期乾旱，造成中美洲的馬雅文明與中國的唐朝雙雙滅亡。東南亞的吳哥王朝曾享有五百年的榮景，在十五世紀初只是經歷

二十年的乾旱便告衰亡。歐洲另一個氣候寒冷的時期，也恰逢一六一八年至一六四八年間的「三十年戰爭」，就遭到殺戮的人口比例而言，其破壞力更甚於第一次世界大戰。雖然這場戰爭名義上是宗教與政治的衝突，但因氣候造成的飢荒加深了敵意，也加劇了戰事帶來的苦痛。

我們也許會認為身處現代，微不足道的氣候現象便不再可能對我們造成重大影響。但過去半世紀的全球警務紀錄分析顯示，在各大城市平均氣溫每增加一個標準差，暴力犯罪率便會攀升4%。類似的統計研究也發現，氣候造成的壓力如缺水等，已使得近幾十年來全球各地方與區域性的跨群體衝突增加至少14%。[12] 而從許多層面觀之，在遭逢變遷時，人類的先進技術反而讓我們比較無法像先前的社會彈性應對。我們假定海平面將維持恆定，據此在沿海城市大興基礎建設。我們假設冰雪與雨水將持續充盈水庫，因此在沙漠四處廣建城市。我們認

11原注：Zhang, D., et al., 2011. The causality analysis of climate change and large-scale human crisis. *Proceedings of the National Academy of Sciences*, 108, 17296–17301. doi:10.1073/pnas.1104268108.

12原注：Hsiang, S., Burke, M., and Michel, E., 2013. Quantifying the influence of climate on human conflict, *Science*, 341, 1212–1228. doi:10.1126/science.1235367.

為舊有熟悉的天氣形態終究會再回復，並基於這個信念建立我
們的糧食生產體系。

　　但天氣變得越來越怪異。自邁入這個千禧年以來，已出
現史上最炎熱的十個年度。「百年」及「五百年」一遇的洪
災，如今每十年便發生一次。人類世的新法則，甚至讓地球的
科學家難以運用他們已經建立的量化模型來研究地質系統。這
些模型是基於穩定性的概念所建立，也就是大自然的系統會
在一個明確的範圍內變化，上下限維持不變。過去根據此等假
設做出的預測的確十分合理。但近期由各國一群頂尖水文學家
發表的報告令我們幡然醒悟。這份報告指出，「大自然已喪失
穩定性，在進行水資源風險評估與規劃時，不應再以穩定性做
為主要與預定的假設狀況。」13 換句話說，關於天氣與水文循
環的主要預測是，它們將會變得越來越難以預測。

　　然而，大眾還是堅信著均變說的樂觀理念。此種信念在某
種程度上是可以理解的，因為它根植於一項地質史證，也就
是全新世的氣候始終保持極為穩定的狀態，而這段時期見證
了所有與人類文明相關事物的興起——農業、書面語言、科
學、科技、政府、美術等。事實上，此種穩定性可以說正是容
許人類建立文明的關鍵要素。相形之下，更新世的氣候不斷大
幅擺盪，可能抑制了新生人類社會的發展。「冰河期」事實上

並不是全然呈現冰凍狀態；反之，在二百五十萬年間，氣候在許多時間尺度上劇烈波動——如冰河學家李察・艾利（Richard Alley）令人難忘的比喻，就像有人「玩著溜溜球，還同時從雲霄飛車高空彈跳下來」。[14]

要客觀看待當前的氣候變遷速率，就必須了解更新世究竟發生了什麼事情。在解開冰河期神祕面紗的過程中，我們除了將再次見到萊爾，也將會見到瑞士的農夫、蘇格蘭的工友，以及塞爾維亞的數學家。

冰河期的醞釀

在威斯康辛州，花崗岩與片麻岩巨石是醫療中心與辦公大樓周邊經常可見的高檔造景裝飾主題。這些石頭的成分通常與當地的基岩截然不同，對十九世紀初五大湖所在州分及北歐地區的地質學家來說，是最感困惑的謎團之一。這些遠離其

13原注：Milly, P., et al., 2008. Stationarity is dead: Whither water management? *Science*, 319, 573–574. doi:10.1126/science.1151915.

14原注：Alley, R., 2000. *The Two-Mile Time Machine: Ice Cores, Abrupt Climate Change, and our Future*. Princeton, NJ: Princeton University Press, p. 126.

原生地的漂礫（erratics），似乎佐證了聖經中所描寫的大洪水事件。漂礫通常會嵌入黏土沉積層，因此所形成的地層稱為洪積層（大洪水留下的沉積物）或漂移物（若考慮到搬運此類物質所需的水力，這個詞是略嫌溫和了點）。漂移物的英文「drift」也沿用在「Driftless Area」這個詞中，亦即沒有冰川流過的地帶「無磧帶」，雖然年代有點錯置。所謂無磧帶是用來指稱威斯康辛州西南部擁有深邃基岩谷（bedrock valley）的特殊地理區域，此處沒有漂礫或其他類型的洪積層。

　　學界一般認為是瑞士地質學家路易・阿格西（Louis Agassiz, 1807-1873）在一八三八年率先主張，長距離搬運巨大漂礫的可能是廣大的冰層，而非洪水。雖然阿格西在地質學教科書中被奉為革命性的思想家，但德國自然科學家卡爾・席波（Karl Schimper）——事實上也是創造「Eiszeit」（冰河期）一詞的人——似乎先前就已得出同樣的結論，並在與阿格西同遊阿爾卑斯山時將之相告。15 席波的洞見則可能汲取自瑞士農夫之見。瑞士的農夫對冰河相當了解，對他們來說，散落在高山河谷深處的巨石，顯然標記著冰體先前的所在位置。

　　更不可原諒的是，阿格西之後憑藉著他在科學界的資歷及哈佛大學教授的身分，針對人類演化提出完全不科學且令人憎惡的種族主義理論；我個人認為，他在科學年鑑上的名字應

該標上一個星號，就像因為使用禁藥而遭到撤銷獎牌的運動員。不過很遺憾，一座更新世晚期的巨大湖泊——阿格西湖（Lake Agassiz），依然以他為名。這座冰河湖覆蓋了大部分的北達科他州、明尼蘇達州，以及加拿大的曼尼托巴省（使這些地區因極為平坦的地形而聞名）。

萊爾除了否定大洪水之說，也不贊同冰河期的說法，也就是指在這段時期，現今氣候溫和的歐洲與北美地區有廣大的區域遭到冰層覆蓋。此種現象如果算不上是災變，也肯定不符合均變說的主張。但隨著地質學家開始描繪「漂移物」的樣態，地球曾經出現過壯觀的冰河期這個想法便有了說服力。根據研究結果，事實上，五大湖上游地區顯然發生過不只一次，而是多次的冰層前移與消退現象，而每次都會留下明顯不同的沉積物（不過每次都很奇妙地避開無磺帶）。地球氣候冷暖化的循環，可能是什麼因素造成的？

早在十九世紀中葉，一些科學家便開始探究一個假說，就是地球軌道習性的變化，可能影響陽光照射在地球的方式，進

15原注：Berger, A., 2012. A brief history of the astronomical theories of paleoclimate. In Berger A., Mesinger F., and Sijacki, D. (eds.), *Climate Change*. New York: Springer, p. 107–128. doi:10.1007/978-3-7091-0973-1_8.

而引發斷斷續續的冰河期。月球及鄰近星球的重力影響，造成
地球在太空運行時出現三個層面的循環變化：一、地球環繞太
陽的橢圓形或離心軌道，每隔十萬年就會伸縮一次；二、地球
旋轉軸的傾角或傾斜度，以四萬一千年為週期在大約21.5°和
24.5°之間變化；三、地球有如玩具陀螺般的緩慢搖晃或進動
（precession）16，平均每隔二萬三千年會改變夏至／冬至日時
面對太陽之半球的氣候。今日，這三項變數合稱為米蘭科維
奇循環（Milankovitch cycles），以數學家米盧廷・米蘭科維奇
（Milutin Milankovitch, 1879-1958）的姓氏命名。儘管在兩次
世界大戰期間，米蘭科維奇大多過著流離失所的日子，他還是
成功估算出這些循環對地球表面太陽照度（solar irradiance）的
加總效應。

　　但事實上，首次對軌道循環進行艱難的計算的，是一位自
學的蘇格蘭人，詹姆士・克洛爾（James Croll, 1821-1890），
時間要比米蘭科維奇早五十多年（米蘭科維奇也完全認同這
點）。克洛爾擁有很高的數學天分，對科學興趣濃厚，但家境
貧窮到連中學都讀不起。在當了幾年的旅店老闆後，他到蘇格
蘭格拉斯哥市的安德森學院（Anderson College）擔任工友。在
任職期間，他會在深夜到圖書館研讀科學書籍（電影《心靈捕
手》〔Good Will Hunting, 1997〕一片情節在十九世紀的真實

版）。在一八六〇年代，他與萊爾開始通信，討論他對於軌道變化的計算及其對氣候的影響。這時已不得不接受冰河理論的萊爾，對克洛爾聰慧的天資大為賞識，幫他在蘇格蘭的地質調查局（Geological Survey）覓得一職（克洛爾也曾與達爾文通信討論侵蝕速率的問題）。

　　克洛爾的研究成果似乎暗示著，南北半球由於進動的效應相反，所以冰河期並非同步推進。此一推論引起萊爾關注，因為這表示平均而言，地球是維持在一個穩定的狀態，這是萊爾緊守不放的想法。再過半世紀，米蘭科維奇會發現，由於大部分陸地集中在北半球，北緯歲差週期（precessional cycle）的影響，實際上主導了全球的氣候。

　　然而，無論是克洛爾或米蘭科維奇，都沒有任何高解析度的地質數據可用來檢驗他們的計算結果。到了一八八〇年代，威斯康辛州著名的地質學家錢伯林（斯瓦爾巴群島曾遭冰河侵蝕的一座山谷即以他為名）已記述了四個不同的冰河期，分別以其沉積物保存最完好的州分來命名——年代從近到遠依序為威斯康辛、伊利諾、堪薩斯、內布拉斯加等冰河

16自轉物體的自轉軸又繞著另一軸旋轉的現象。

期。但是並沒有方法得知這些冰河期的絕對年代,或者是否尚有更早的冰層消長週期。陸上地質紀錄的問題在於,冰層每一次的推進,就像在曲棍球賽中每隔一段時間就會出來清理冰面的洗冰車,通常會侵蝕先前地質事件的紀錄,並蓋上額外的印記。威斯康辛州(無磧帶以外的地區)在所有四次冰河期中都遭到冰河侵蝕,但前三次冰河期留下的沉積物通常難以辨識出來。

　　在十九世紀的最後幾年,錢伯林和許多地質學家推測了冰河期的成因。他們認為除了軌道週期外,還包括火山作用、造山作用、海洋環流等因素。一八九六年,瑞典化學家斯萬特・阿瑞尼斯(Svante Arrhenius)主張,某些微量的大氣氣體,尤其是碳酸(H_2CO_3,與水氣化合的二氧化碳),可能對氣候有重大的調節作用,因為它們能讓來自太陽的短波長輻射(光能)穿透,但會阻擋從地球表面再輻射出去的長波長能量(熱能)。[17](他甚至推斷燃煤所排出的氣體有朝一日可望「改善」瑞典的氣候。)他的種種主張最終將證明至少有一部分是正確的,但當時關於氣候長時間如何變化,並無解析度較高的資料,因此沒有任何主張可以經過嚴密的驗證。造成氣候變化的嫌疑犯為數眾多,但將它們交付審判的時機尚未成熟;證據依然太過間接。

岩芯的奧義

最後，在一九七〇年代，兩座蘊藏豐富氣候數據，足以革新氣候學的新檔案庫於焉開啟，彷若有人原本在二手書店參考諸家散籍進行學術研究，忽然間卻可一窺國會圖書館的堂奧。這兩座檔案庫是：從新一代的海洋研究船取得的深海沉積物岩芯，以及從南極洲和格陵蘭艱鉅的跨國鑽探作業取得的極冰樣本。深海海床與極冰冰帽的相似之處在於，其所在位置的堆積物都是緩慢持續形成，未遭到中斷或干擾，就像密閉房間裡的家具漸次覆蓋上一層塵埃。今日，來自全球所有海洋的深海岩芯，能夠提供達一億六千萬年的全球氣候變遷紀錄（可遠遠回溯到冰河期之前），其隱藏在地球化學性質與微體化石的變化之中，解析度可達數千年。冰芯則是記錄了七十萬年的大氣變化，至少就年輕的冰層來說，解析度能達到每年。然而，欲從海床軟泥和古老冰雪中梳理出氣候資訊，需要解碼的能力——將殼體與冰層中穩定同位素的隱密紀錄譯解出來。

17原注：Arrhenius, S., 1896. On the influence of carbonic acid in the air upon the temperature of the ground. *Philosophical Magazine and Journal of Science*, ser. 5, vol. 41, 237–276.

　　氧和碳一樣，有兩個主要的穩定同位素，而且就如同行光合作用的生物「偏好」較輕盈的碳同位素^{12}C甚於較重的同位素^{13}C，在蒸發過程中，較輕盈的氧同位素^{16}O與較重的同位素^{18}O相比，更容易被蒸發成水汽。這表示在任何時點，在大氣降水，包括降下極雪之時，降落物所含的^{18}O/^{16}O會分別少於／多於海水，而此種篩選效果在寒冷的時期更發明顯。在冰河時期，由於地球的水有一大部分鎖在冰川和冰帽內，海洋與利用海水生成其殼體的生物的^{18}O/^{16}O比例會特別高。相反的，冰川冰的^{18}O/^{16}O比例值會特別低。一般的氫（^{1}H）對氘（^{2}H）的比例也基於類似的道理而有所變化，所以冰川冰（畢竟化學成分也是H_2O）之中也藏有第二份能代表氣候的紀錄。因此，海洋沉積物與冰層的同位素比例，可提供關於全球冰量與溫度的長期詳實紀錄。

　　從冰芯與較長期的海洋沉積物紀錄可以發現，錢伯林所提出的四個冰河期，只不過是更新世二百六十萬年間三十次冰河期中最近的四次。而克洛爾—米蘭科維奇循環的跳動訊號（強有力的規律跳動，並疊加著顫動）是相當鮮明的。[18] 在更新世的前一百五十萬年，地球自轉軸四萬一千年的傾斜週期尤其明顯。接著，大約在一百二十萬年前，此一脈動放慢為較平緩的節奏，也就是地球繞日離心率（eccentricity）以十萬年為

週期變動，就像從正在睡眠的病患身上讀取到的心電圖。這種現象稱為中更新世的過渡期，但是科學家尚未完全了解其中成因。一來，在三項軌道變數中，離心率對地球接收的太陽輻射影響最小，但不知何故，這個十萬年週期的效應被地質作用放大了。在氣候紀錄中也有頻率較高，與軌道的變化沒有相互關聯的「諧波」（harmonics）。氣溫在約一千五百年的期間循環擺盪，即所謂的丹斯伽阿德─厄施格爾週期（Dansgaard-Oeschger cycle），似乎是與全球洋流時間尺度相對應的特殊內部律動。這意味著地球並非只是一個隨著天文週期施加的節奏起舞的傀儡，而是以這些節奏為基調，用自身的方式即興變換舞步。

火熱時刻

　　綜合各種軌道週期而預測出的效應，與觀察所得的氣候紀錄之間，存在著甚至更重大的差異，這點進一步彰顯出地球基

18原注：Hays, J., Imbrie, J., and Shackleton, N., 1976. Variations in the Earth's orbit: Pacemaker of the ice ages. *Science*, 194, 1121–1132.

於米蘭科維奇定調的主題加以即興變化的能力。米蘭科維奇循環基本上都是正弦曲線──具有對稱且一再重複的山谷曲線。這些曲線重疊後會創造出更複雜的樣態，但整體來說並沒有一貫的方向性──乍看很難判定時間的流向。相較之下，從海洋沉積物與冰層取得的實際氣候紀錄，呈現不對稱的鋸齒狀幾何圖形：在地球緩慢邁入冰河期之際，漫長的冷卻期間會摻雜著短促的暖化期。換言之，在每次的循環中，軌道只是些微變動而促成更暖和的氣候，地球系統中的某個元素就會將其效應放大，形成一股熱浪，好比恆溫器失了控。造成效應放大的原因保存在冰層本身之中：即溫室氣體，尤其是二氧化碳與甲烷（CH_4）或沼氣。

　　冰雪在堆積時，晶體之間還是會有氣穴存在（使得避雪所〔snow shelter〕因為絕緣良好而意外地溫暖）。在南北極地區，冰雪不會隨著季節更迭而融化，而且積雪受到掩埋時會變得密實，在大約六十公尺的深處重新結晶成冰。在這過程中，氣穴會縮小，但殘餘部分會變成氣泡懸浮在冰中，就像是困在琥珀中的昆蟲。儘管在上述過程中，冰層間的空氣可能會有些微移動，但困在極冰中的氣泡可以直接記錄下過往的大氣成分，解析度至少達數十年。這些小氣泡告訴我們，在過去七十萬年來，全球的氣溫一直與二氧化碳及甲烷等溫室氣體的

濃度相關，而且有極高的統計顯著性。

所以，溫室氣體是如何將米蘭科維奇循環中天氣略微暖化的效應，擴大成一股熱浪？答案就在於地球氣候系統內眾多的正回饋機制——自我擴大作用。舉例來說，在更新世漫長的冷卻期中，冰層邊緣以外的地區應涵養了由生長緩慢的地衣、苔蘚及小型維管束植物組成的苔原生態系統，就如同今日斯瓦爾巴群島的狀態。當這些植物凋亡，寒冷的氣溫抑制了分解作用（主要透過微生物的活動達成，而這些活動在寒冷的天氣會變得遲緩），因此有機物質幾千年來只是堆積成厚厚的泥炭堆。

某個夏季在斯瓦爾巴群島考察時，這項事實深深烙印在我的心中。當時我和一位同仁打算清理掉一堆難看的塑膠容器和腐爛的繩索。有些船隻通常會把海洋當成垃圾桶，這些東西就是從船身沖上岸來的。我們在海灘放了一把火，看到這些骯髒的垃圾熊熊燃燒，心情頗是愉快。接著我們發現，離內陸更近一點的一片苔原從原本的溼潤翠綠，變得乾燥褐黃，而且似乎正在冒煙。在那令人震驚的瞬間，我們發覺剛剛放的這把火，已經引燃了隱藏在海灘礫石下的一層泥炭。還好我們趕忙拿著鍋子在遲緩的火線與大海之間來回奔走，在慌亂的幾分鐘後，成功澆熄了這場悶燒的火。

　　火是快速氧化的證據，過程激烈又顯著；分解作用可以達成同樣的效果，但過程緩慢且隱然無形。在更新世時期，即便米蘭科維奇循環只是造成氣溫略微上升，苔原上的微生物便會醒來回到工作崗位，大肆咀嚼豐富的泥炭，將其固存已久的碳以二氧化碳的形式（或是在氧氣稀少時以甲烷的形式）釋放出來。這樣一來，地球就會變得更溫暖，進一步加快微生物的進食潮，繼而釋出更多的溫室氣體，在典型的正回饋圈裡如此持續下去。

　　氣候系統裡其他的正回饋機制（包括反照或反射效應），扮演了重大的角色，在元古宙末期將冷卻中的地球推入雪球的狀態。但反照效應可以雙向進行：一旦冰雪開始融化，雜質冰、裸地，或是開闊海域海水較深的顏色，會提高地球對太陽熱能的吸收率，導致氣候更溫暖、融雪更多，以及黝黑的地表擴張。地球加速暖化接著更能進一步擴大碳循環的回饋效應。

　　正回饋作用可加深冷卻效果——比方說，冰河期風力較強的狀態，可以為海洋中缺鐵的植物性浮游生物提供營養的塵埃，當其中一部分的生物質沉落至海底且未經分解，大氣中的二氧化碳含量就會慢慢下降。但是自冰層與沉積物岩芯取得的氣候紀錄，其鋸齒狀曲線是如此明顯，也強調出地球氣候系統

不可避免的非對稱性：冷卻地球所花費的時間，遠比暖化地球
來得漫長。

無聲的「碳」息

　　對身處人類世的我們來說，急迫的問題在於，過往的暖
化事件究竟發生得多快？而這些時期溫室氣體的濃度又有多
高？上次冰河鼎盛期是發生在一萬八千年前，當時龐大的冰垂
在錢伯林所稱的威斯康辛冰河期留下了沉積物。在此時期，大
氣的二氧化碳濃度是180 ppm（百萬分之一百八十）。在寒冬
狀態過後，軌道系數又開始有利於形成較溫和的氣候狀況，
二氧化碳濃度也同時上升。地球於是進入一段穩定暖化期，
大約在一萬二千八百年與一萬一千七百年前之間（新仙女木
期〔Younger Dryas interval〕），一道短暫的寒流中斷了暖化趨
勢。

　　一般認為，這股寒流是墨西哥灣流受到擾亂所造成。這道
灣流將溫暖的熱帶海水帶到北大西洋，與此同時，冰層融化而
成的淡水也將北大西洋淹沒。截至此時，二氧化碳的濃度已在
六千三百年間攀升至約255 ppm，每年平均增加0.01 ppm。當
墨西哥灣流回復原狀，地球彷彿做出了一個新紀元的決定，要

採行一種全然不同的行為模式。在僅僅數十年間，約莫一萬
一千七百年前（全新世的金釘子），全球平均溫度突然躍升至
其在全新世的數值，地球從此脫離了更新世「高空彈跳」的日
子。

　　但在過渡到全新世的期間，地理結構重新進行了大規模的
調整。冰帽面積縮減，其融水注入了廣闊的湖泊。這些湖泊
有的只是以脆弱的冰障（ice barrier）為界，因此驟然洩流；華
盛頓州東部由大洪水沖擊而成的廣大河溝地形「河道疤地」
（Channeled Scablands），其特殊的地理景觀記錄了一場難以
想像的大洪災。

　　這場災變之所以發生，是因為蓄集了相當於密西根湖水量
的一座冰壩突然潰決（萊爾先生對不起，真的有大洪災）。新
的河流系統開始在冰川消融且滿是疙瘩的地貌上布建排水網
絡。在北美地區，密西西比河主要的支流，亦即密蘇里河與俄
亥俄河，標示著最新近冰層的邊界，而在此有最大量的融水等
待排解。

　　隨著冰川融水回流至海洋，海平面在幾千年內上升了數
百英尺，使得海水淹沒了沿岸地區，將舊有的河谷變成了河
口。曾經連結亞洲與北美地區的陸橋遭到淹沒。英吉利海峽填
滿海水後，英國與歐洲其他地區便分離開來。不過最後海岸線

還是穩定下來。天氣形態回歸正常而可容預測。人類於是能開始著手栽種作物，創建文明。

大約在一八○○年之際，就在我們開始要大量消耗遠古積存下來的碳燃料之前，大氣的二氧化碳濃度已上升至約280 ppm，僅較全新世開始之時高35 ppm。這顯示在一萬一千年間，地球的碳循環已固定在一個平衡的狀態，也就是來自火山噴發及有機物質腐化所排放出的碳量，與行光合作用的生物吸收及固存成石灰石的碳量，大致兩相達到平衡。有時碳預算會略微失衡，使人類社會陷入飢荒與衝突狀態。

在工業革命後的幾十年，我們就像發育過度、吞食泥炭的微生物，開始大啖儲存良久的碳——先是煤，接著是石油和天然氣。光合作用與石灰石沉澱作用，再也無法跟上碳消耗的速度。關於碳排放有一項不公平的事實，那就是在二十世紀，某些地區（美國和西歐）的碳排放量遠超出其他地區，卻要全球所有人民來承擔後果。這是因為相較於碳在大氣層的滯留時間（數百年），對流層（大氣的最下層）的混合時間較為短暫（一年）；對流層的混合時間指的是風與天氣造成的氣流攪動，將全球大氣均勻化所需的時間。

若是混合時間較滯留時間長，排出的碳會在其釋出的地點附近積存不散——好比垃圾清運人員罷工時，垃圾就會堆積起

來——並可能引發揭止此種現象的行動。但由於我們個人的排放量不但看不見，也能輕易地消散在世界各地，所以我們不太有動機去降低排碳量。[19]

截至一九六〇年，全球大氣的二氧化碳濃度已達到315 ppm——在一百六十年內的增幅，與先前一萬一千年間的增幅相等——每年以0.22 ppm的速度攀升，是更新世晚期（地球開始顯著升溫的時期）速率的二十倍以上。在一九九〇年，我們輕鬆越過350 ppm的關卡。許多氣候學家認為這是維持全新世氣候穩定所需的上限值——正回饋的巨大力量有可能在此點受到引發。到了二〇〇〇年，二氧化碳濃度已達370 ppm，每年攀升2 ppm。就在我撰寫此書之時，我們已然突破400 ppm大關，而且成長速度依然在增加。

在更新世氣候擺盪不定的整個期間，二氧化碳濃度從未超過400 ppm。最近一次二氧化碳達到如此高的濃度，是在四百多萬年前的上新世。而且很肯定的是，更新世的二氧化碳濃度從未出現過現今的增加速度。最近似的情境是五千五百萬年前的氣候危機，時點落在新生代初期最早的兩個世之間。此一事件稱為「古新世—始新世氣候最暖期」（Paleocene-Eocene Thermal Maximum），簡稱PETM。

遠古的借鏡

分布在全球各地幾十處的海洋沉積物岩芯，就像地震目擊報告一樣，為PETM提供了清晰生動的描述。這些岩芯都道出了令人驚駭的事實：如微體化石中氧同位素比例所記錄，氣溫驟然飆升了五至八度；從方解石質殼體物質暴減可以判知，海洋酸度也同時躍升了；來自某種生物源的碳大量湧入，因為相對於^{13}C，^{12}C的含量異常地高。[20] 化石紀錄講述了一個混亂無序的海洋生態系統：許多浮游生物的物種數量大減，而一種棲息在底層的微生物，稱為底棲性有孔蟲（benthic

---

19原注：在奈爾·德葛拉司·泰森（Neil deGrasse Tyson）於二〇一四年主持的優質電視節目《宇宙》（Cosmos）系列中，有段畫面將一座城市裡排放的二氧化碳都變成了紫色氣體，令人觸目驚心。如此看來，碳排放應被視為一大公害。

20原注：^{13}C 與^{12}C在地質樣本中的相對數量，一般是以在特定岩石（通常為石灰岩）中^{13}C/^{12}C比例偏離國際標準（做為「參考基準」的方解石）的程度來表示。此偏差值稱為δ^{13}C（delta C-13），定義如下：[(^{13}C/^{12}C樣本值 - ^{13}C/^{12}C 標準值)/ ^{13}C/^{12}C標準值] × 1000。

（以1000為係數是為了讓偏差值呈現整數；^{13}C/^{12}C比例的變量以千分之一衡量）。在特定一段期間岩石中δ^{13}C值的變化——以$\Delta\delta^{13}$C（delta delta C-13）表示——可用來衡量碳循環受到干擾的嚴重程度。$\Delta\delta^{13}$C值若為負數，表示釋出的是生物（透過光合作用固存的）碳。若為正值則表示，有機碳受到埋藏及／或火山釋放的二氧化碳量，多於生物的二氧化碳排放量。亦可參見附錄三。

foraminifera），也告滅亡，顯示即便是海洋深處的海域也受到影響。這些變遷繼而引發海洋食物鏈結構的大重組。在陸地上，更加炎熱乾旱的環境迫使哺乳類動物大舉遷徙，但五分之一的植物物種由於移動速度不夠快，於是就此滅絕。關於PETM的海洋與陸地紀錄顯示，各大洋與生物圈花了二十萬年的時間才達到新的平衡狀態。21

　　碳同位素比例在PETM期間的變化幅度，可以用來估算當時排放出的碳量；大多數的碳量估算值落在二兆至六兆噸之間（注：有時碳排放量會以二氧化碳，而不只是碳的十億噸（Gt）值來表述；在此處，數值是增加到原來的3.7倍，反映出二氧化碳的分子質量提高了）。二兆至六兆噸這個數字很難意會，除非我們了解到目前為止，人類活動所產生的總累積碳排放量約為五千億噸，而其中四分之一是從二〇〇〇年起釋出的。有鑑於排放速度依然不斷攀升，我們很可能在二一〇〇年前達到或超越和PETM碳量驟升現象相關的許多估值。

　　一個重要但仍依然未解的問題是，PETM遠早於人類習慣燃燒化石燃料的時期，但如此多的生物碳是如何釋出的。主要的兩大候選答案如下：在北大西洋開展的期間，岩漿活動使煤或泥炭著火燃燒（情況類似賓州森特勒利亞鎮〔Centralia〕地下的煤礦被點燃，導致地下火悶燒五十年之久）；以及

以某種形式（晶籠化合物〔clathrate〕或天然氣水合物〔gas hydrate〕）被困在冰層中的甲烷，突然從海底的沉積物中蒸發出來。

　　受到凍結的甲烷，是由開心地狼吞虎咽有機物質的微生物所生成，只有在特定的溫度範圍及壓力狀況下才會保持穩定。倘若海水變暖，或是發生海底地滑（submarine landslide）而使富含天然氣水合物的地層突然露出，凍結的甲烷可能會變得不穩定，進而從海底噴發出來，宛如從海中打出一連串的大嗝。天然氣水合物甚至直到一九八〇年代才為人所知；在此之前，沉積物岩芯通常含有龐大的空隙，顯示在探鑽取出時有某種物質逸失了——這些奇特的冰在科學家甚至尚未看到岩芯前就已經蒸發掉了。更有效率的取芯方式，終於揭露了原本是何種物質填滿了空隙：可以燃燒的冰。目前在海洋沉積物中的天然氣水合物儲量，估值介於一兆噸至十兆噸之間。和苔原的泥炭一樣，在氣候暖化時，這些碳儲量可能會變得不穩定，若是

21原注：McInerney, F., and Wing, S., 2011. The Paleocene-Eocene Thermal Maximum: A perturbation of carbon cycle, climate, and biosphere with implications for the future. *Annual Reviews of Earth and Planetary Sciences*, 39, 489–516.

突然揮發，將會引發一場有如惡夢般的暴走溫室效應。

　　但是PETM的沉積紀錄解析度頂多是幾千年，無法讓我們區分出碳濃度之所以增加，主要是碳從海洋瞬時噴發出來，或是經過較長時間（一千年）燃燒煤或泥炭所致。要區分成因並非只是為了做學術研究。如果PETM的碳釋放速率是以一年為分母，那麼我們仍然可繼續認為，我們目前的排放速率並非毫無前例。但若這個分母是以數千年計，我們在人類世噴發的碳量，可就是真正極端的地質異常值。

技術新「葉」

　　時至今日，我們人類每年排放超過一百億噸的碳量——主要透過燃燒化石燃料，但生產水泥（必須鍛燒石灰石）與砍伐森林也會造成碳排放——輕輕鬆鬆就達到全世界火山總噴發量的一百倍。但我們是否能模仿生物地球化學循環，找到將我們排放的碳從大氣層中取回的途徑呢？對此，有眾多可能可行的策略，從最尖端的工程技術，到直接複製大自然的各種作用，不一而足。到目前為止，高科技的解決方案由於過於昂貴而不切實際，而低科技的方案效果又過於緩慢；地質作用的特點在於，它傾向照著自身理想的地質時間推進。

多年來，美國的煤炭工業不斷在推廣矛盾的「潔淨煤」（clean coal）概念，其構築在一個不太可能達成的情境，就是美國各地的發電廠都能安裝碳捕獲與封存（CCS）系統。CCS需要相當的技術能力；它牽涉到捕集燃煤過程所排出的二氧化碳、在高壓下壓縮二氧化碳氣體，以及將之灌注到地底深處的多孔岩石中，理想上是在發電廠區或其鄰近處進行（若當地地質狀況適合）。就海岸線附近的發電廠來說，某些CCS計畫的設想是在深海海域處理二氧化碳，但這是適得其反的想法，因為如此會導致海洋酸化，而在大氣二氧化碳濃度升高所產生的效應中，海洋酸化即是CCS封存過程試圖率先減輕的效應之一。

在二〇〇〇年代初的某段時期，似乎有可能藉由提供充分的經濟誘因來推廣CCS技術——諸如徵收碳稅，或是建立一個「總量管制與交易」（cap-and-trade）的碳排放市場——但是「非傳統」天然氣生產方式的出現，即透過水平鑽掘工法與液裂法（或稱水力壓裂法）從頁岩中開採天然氣，粉碎了這個構想。之後能源價格大跌，而且相較於燃煤，燃燒天然氣的淨二氧化碳排放量較少，消弭了倡導CCS的新生動力。（雖然以每熱量單位產出而言，天然氣的二氧化碳排放量的確較煤炭少了約50%，但是從封閉不全的天然氣井及維護欠佳的管線

滲「逃」出來的甲烷，使得天然氣產業的以下宣言打了些許折扣：天然氣是低二氧化碳排放燃料。）[22] 以天然氣為動力的發電廠也可以採用碳捕捉系統，但造價極為高昂：新廠的興建成本會增加近一倍，而所捕獲的二氧化碳的成本（做為有效碳稅或市價的參考下限）估計每噸約在七十美元，不含運輸與貯存費用。[23] 在當前的經濟與政治態勢下，要消解我們造成的碳氣汙染，CCS似乎不太可能是解決之道。

即便碳捕捉技術在經濟上是可行的，也未必是萬靈丹。從發電廠直接排出的二氧化碳雖然可以減少80%~90%，但CCS運作過程本身也需要使用大量的能源。而如果封存作業無法在廠區進行，運輸二氧化碳將產生額外的能源需求。最後，將加壓的二氧化碳灌注到地層深處的過程也不無挑戰。用來做為儲存「容器」的岩石，必須有足夠的孔洞容納大量的壓縮氣體，但滲透性又不能好到讓氣體滲漏出來——有點像是看重朋友大方又合群的特質，但又期待他能保守重大的祕密。此外，將高壓液體灌注到岩石中，不管是二氧化碳或是液裂過程產生的廢水，都會產生令人擔憂的副作用：引發地震，而諷刺的是，地震有可能反過來造成二氧化碳儲層碎裂。

若不從發電廠捕捉碳，我們是否可以模仿行光合作用的生物，直接從空氣中提取二氧化碳呢？一些學者及民營企業花費

了至少二十年的時間，投入「人工樹」研發。這些樹的「葉子」可以將環境中的二氧化碳結合至化學介質，例如鹼液（氫氧化鈉，NaOH）等強鹼，或是聚合樹脂。任教於亞利桑那州立大學的物理學家克勞斯・拉克納（Klaus Lackner）樂觀地提倡此種技術。他認為有可能打造出一棵每天可以捕捉多達一噸二氧化碳的「樹」，其捕獲量比一般天然樹木高出約一千倍。基於上述的最佳效率水準，我們需要三千萬棵樹才能趕上人類當前每年一百億噸的慣常碳排量，另外還需要好幾億棵樹來扭轉一個世紀的碳排放效應——或甚至回復到一九九〇年350 ppm的水準，也就是許多氣候學家所公認的轉折點。

　　美國物理學會（American Institute of Physics）一項研究估計，若直接從空氣中捕捉二氧化碳，即便是使用成效最看好（但仍未經驗證）的技術，成本大約會達到每公噸二氧化碳七百八十美元，比在發電廠進行碳捕獲與封存作業的成本高出

22原注：Union of Concerned Scientists. Environmental impacts of natural gas, https://www.ucsusa.org/clean-energy/coal-and-other-fossil-fuels/environmental-impacts-of-natural-gas.

23原注：Ruben, E., Davidson, J., and Herzog, H., 2015. The cost of CO2 capture and storage. *International Journal of Greenhouse Gas Control*. doi:10.1016/j.ijggc.2015.05.018.

近十倍之多。24 另外，種植直接捕捉碳的「林木」需要廣大的
土地面積，而且捕獲的碳依然需要經過處理，無論是灌注到地
底或是以某種固態的形式掩埋。

緣木求解

　　這林林總總的構思，使得老式的光合作用看起來像是再划
算不過的解決方案──而且我們有技術在身！那麼，盡可能廣
植樹種與樹苗是否就能解決問題呢？如地質紀錄所顯示，減少
大氣二氧化碳濃度的訣竅在於，每年透過光合作用固存的碳
量，必須多於生物分解所釋出的碳量（當然，諷刺的是，過往
地質年代未經分解的有機碳，形成了讓我們今日陷入此種困境
的化石燃料）。如果植物在春夏季固存碳，接著在秋冬季透過
腐化過程將碳釋出，二氧化碳的濃度就不會有任何變化。生長
快速且壽命長的樹木因而成了碳固存的優選樹種。雖然這些樹
木不可能永遠將碳儲藏起來，但可以防止碳進入循環達幾十年
或幾世紀之久。

　　不過即使藉由植樹來調節碳量這個概念很簡單，實際施
行時卻變得十分複雜。首先，可以重新造林的土地面積顯然
有限；我們還是得栽種糧食（不過在上個世紀，美國北部一

些地區，如威斯康辛州、新英格蘭等地，目前已逐漸恢復成林地，這些地區在十九世紀時曾經過整地伐木做為農地使用）。

此外，可能有人認為，年輕的樹由於生長力旺盛，可以捕獲更多的碳。倘若真的如此，那麼砍掉老樹以騰出空間種植新樹是合理的作法。但近期的研究顯示的結果有違常理，那就是許多樹種實際上隨著年齡漸長，可以固存越來越多的碳，因為其葉子的面積、樹幹的圍長、枝椏的數量都會持續增加。[25] 因此，讓老樹持續生長並同時栽植新樹，似乎是最佳策略。不過，樹木的壽命有限，最終還是會將其捕獲的碳返還到大氣中。

有一種方式可以更積極運用光合作用力，雖然名如其用，但有點累贅，就是「生物能源與碳捕獲和儲存」（BECCS）。BECCS的構想是，從快速生長的光合作用生物身上提取生物質做為燃料來源，如柳枝稷（switchgrass）

24原注：American Physical Society, 2011. Direct air capture of CO2 with chemicals. https://www.aps.org/policy/reports/assessments/.

25原注：Stephenson, N. L., et al., 2014. Rate of tree carbon accumulation increases continuously with tree size. *Nature*, 507, 90–93. doi:10.1038/nature12914.

或「飼養」的藻類等植物，然後將此種燃料燃燒時排放的碳固存起來。理論上，這種作法的確可望減少碳量，因為至少一部分經由光合作用所萃取的碳，可以長期自大氣層中抽離出來。根據小規模試行專案的成果，此種作法應有可為，但將植物性物質轉換成燃料，本身就是高耗能的過程，而且以生物質設備捕捉碳，可能甚至比利用煤炭或天然氣還要昂貴。26

在歷來的地質年代中，許多光合作用碳是以海洋生物質的形式固存起來，其大多是細菌，在沉落至海底後被埋在低氧的沉積物中（有些變成了石油、天然氣，或是天然氣水合物）。或許我們可以仿效這個過程，刺激海洋浮游生物族群生長，期盼它們固存的一些碳能進入沉積物內，在無數的地質年代中封存起來。最佳的肥料非鐵莫屬，因為自元古宙的大氧化事件以來，微生物便十分渴求鐵。

然而，蓄意操弄海洋化學性質的作為，令海洋生物學家感到擔憂。改變食物鏈的底層生態，必然會招致負面且預料不到的後果（我們已在非刻意，但明明知情的情況下做出這樣的行為，亦即未能減少來自農業活動的磷、硝酸鹽逕流排放量，導致沿海地區缺氧而出現「死亡海域」）。

這也是為何二〇〇七年，企業家羅素・喬治（Russell George）開始出售普蘭克托斯公司（Planktos）27 持股時，引

發科學界強烈抗議。這家公司擬在太平洋相當於羅德島州大小的海域施放肥料，然後將碳補償（carbon offset）服務賣給關心環保的消費者。普蘭克托斯的計畫未能成功，但喬治在二〇一二年重新復出，擔任加拿大英屬哥倫比亞省沿海地區一個北美洲原住民第一民族（First Nation），即海達族（Haida）的顧問，保證可透過施撒鐵粉做為肥料，使其萎靡不振的鮭魚漁場恢復生氣。一百噸的硫酸鐵被傾倒在海達瓜依群島（Haida Gwaii，原名夏洛特皇后群島〔Queen Charlotte Islands〕）周圍水域，成效未明，之後聯合國國際海事組織（International Maritime Organization）譴責了這項作為，加拿大環境部也介入以阻止計畫進行。

　　科學界之所以對輕率變更海水性質的舉動憂心不安，部分的原因在於，我們甚至無法確定以我們目前對海洋生物地質化學性質的了解，是否還能適用在不遠的將來。我們尚未全盤認識今日存在的全球海洋微生物群系，對於它們在海洋暖化與酸

26原注：Venton, D., 2016. Can bioenergy with carbon capture and storage make an impact? *Proceedings of the National Academy of Sciences*, 47, 13260–13262. doi:10.1073/pnas.1617583113.

27Planktos拼法近似Planktons（即浮游生物）。

化的過程中可能如何演變，所知就更加短淺了。28

聚焦石灰石

如果加快海洋微生物的成長沒得商量，或許我們可以模仿地球長期以來的碳固存作業：將大氣的二氧化碳固存在石灰石中。要生成石灰石，首先必須風化矽酸鹽岩石，所釋出的鈣便能與大氣中的二氧化碳結合，形成碳酸鈣或方解石。這就是喜馬拉雅山在成長過程中藉以緩慢降低二氧化碳濃度，促使地球冷卻的機制（參見第三章）。在大自然中，有殼的生物會擔任此項工作，以估計每年一億噸的速度吸收碳──就過往的地質時間來說，這個速度足以將99.9%火山排放的二氧化碳總量封存在固態岩石中，但如果要因應人類現今的年排放量，得加快一百倍的速度才能趕上。可惜隨著海洋酸性增加，未來生成外殼會變得更加困難，使得原本就緩慢的石灰石自然形成速率在未來幾個世紀降低。

然而，以審慎的方式促進矽酸鹽風化反應，將二氧化碳從空氣中抽離，藉以形成人工的「石灰石」，是可能行得通的作法。有種火成岩稱為橄欖岩（peridotite），含有大量的礦物橄欖石（mineral olivine，具寶石特性者稱為橄欖石或貴橄欖

石〔peridot〕）。橄欖岩會與二氧化碳反應而形成與方解石相似，富含鎂的碳酸鹽礦物（菱鎂礦），其化學反應式如下：

$$Mg_2SiO_4 + 2CO_2 \rightarrow 2MgCO_3 + SiO_2$$
橄欖石＋二氧化碳→菱鎂礦＋石英

但有一個難處是，雖然橄欖岩在地球含量極為豐富（是地幔的主要組成成分），但是在地表卻是相當稀少。不過有些地方，包括紐芬蘭島、阿曼、賽普勒斯、加州北部等地，隱沒過程出了問題，使得地幔岩石的板塊穿刺到大陸的邊緣。在這些地點，橄欖岩可能被板塊穿破，捕獲的二氧化碳可灌注到其鑽孔中。一項研究結果顯示，光是在阿曼地區的橄欖岩，每年就可固存十億噸的碳（人類年碳排量的十分之一）。[29] 碳酸化反應在低溫下進行的速度十分緩慢，但也會放熱，所以一旦開始

28原注：American Society for Microbiology, 2017. Colloquium Report: *Microbes and Climate Change*. https://www.asm.org/index.php/colloquium-reports/item/4479-microbes-and-climate-change.

29原注：Keleman, P., and Metter, J., 2008. In situ carbonation of peridotite for CO2 storage. *Proceedings of the National Academy of Sciences*, 105, 17295–17300.doi:101073/pnas.0805794105.

便會自行加速。當然，主要的問題就在於如何將碳氣送往岩石所在處。二氧化碳必須經過捕捉並運送到少數地幔岩石露出在地表之處，或者橄欖岩必須大量開採，並將之散布在地表的廣大區域，以便被動地與大氣層產生反應。

硫酸鹽的空襲

　　由於要消除二氧化碳可說是困難重重，難怪將硫酸鹽懸浮微粒注入平流層來冷卻地球這個構想（受到一九九一年皮納土波火山爆發的啟發）是如此誘人。「太陽輻射管理」的成本相對低廉（每年幾十億美元），而且或許可利用火箭、飛船或是高空噴射機立刻開始進行。但這也可能是一項魔鬼交易。一旦開始，硫酸鹽注入計畫就得持續數十年至一個世紀之久，因為在未大幅減少二氧化碳的情況下，其只是掩飾而未扭轉溫室暖化效應（二氧化碳濃度攀升造成海洋酸化的情況，也依然不會緩解──並且削弱碳酸鹽沉澱作用，這是地球緩慢但有效的長期碳固存系統）。

　　此外，抑制二氧化碳濃度升高的現象也存在道德風險，亦即降低政界根治這個隱疾的意願。若是在幾年後停止注入硫酸鹽，將會導致凶猛的「彌補」暖化效應，恐將摧毀生物圈，造

成天氣形態出現極端的改變。

在五十年或一百年間，每隔幾年就把與皮納土波火山噴發量相當的二氧化硫（大約一千七百萬噸）送進平流層，將會以我們無法完全預料到的方式，徹底改變生物地球化學循環。此外，就像有毒癮的人需要不斷加大劑量才能達到相同的興奮感，達到相同冷卻效果所需的硫酸鹽量，實際上會一年比一年增加。這是因為硫酸鹽微粒通常會合併成較大的粒子，造成其滯留的時間與反射率穩定下降；較大的粒子會更快從大氣層掉落下來，而且其體積的相對表面積小於較細小的粒子，因而減低其反射太陽能的效率。

大氣化學家當然了解，平流層若含有大量的硫酸鹽，將會損傷為地球遮蔽輻射的臭氧層。一九八九年，蒙特婁議定書（Montreal Protocol）率先限制氟氯碳化物（chlorofluorocarbons）的使用，自此以來，臭氧層已持續緩慢復原。另外，硫酸鹽輸送系統的環境衝擊本身就十分可觀：若是使用噴射戰機，則每年將會需要飛行數百萬趟。[30] 而每次要

30原注：Hamilton, Clive, 2013. *Earthmasters: The Dawn of the Age of Climate Engineering*. New Haven, CT: Yale University Press.

將硫酸鹽送進十公里高的平流層，有可能裝載物無法達到目標高度，於是就地灑落一場傾盆酸雨。

　　對於行光合作用的浮游生物及植物來說，照射在其身上的光線波長與密度，會受到硫酸鹽層影響而改變，對大自然的食物網、森林、農作物產生未知的效應。尤其殘酷的諷刺是，這些懸浮微粒會降低太陽能發電的效率，特別是利用反光鏡與透鏡聚集陽光的大規模太陽能電池陣列。化石燃料是氣候問題的根源，而太陽能發電技術有助於斷絕我們對化石燃料的依賴，卻受到懸浮微粒影響而減低了效力。[31]

　　由於硫酸鹽懸浮微粒在黑暗中沒有光線可反射，無法發揮效用，因此會縮減日／夜、夏季／冬季、熱帶／極地之間的溫差。全球天氣形態是基於氣溫的對比與變化的程度形成，如此一來，可能會出現重大的改變。而對於許多受到氣溫主導的複雜海洋─大氣相互作用來說，比如跨年度的聖嬰現象週期，以及調節太平洋盆地周圍天氣，週期為一至兩個月的馬登─朱利安振盪（Madden-Julian oscillation）[32]，其可能受到的影響並不明朗。從多個氣候模型可以推知，受到每年亞洲季風影響的地區，降雨量可能急遽縮減，儘管這些模擬狀況尚有很大的不確定性。[33]

　　因大氣操弄計畫而受到負面影響的地區有何求助管道？基

於全球治理狀態，很難想像這場跨世代的全球地球化學實驗可以在各國間執行無礙，並促進各國的和諧關係。再者，是否有人說過，天空永遠會是白的，不是藍的？34

這表示，最大力提倡平流層注入硫酸鹽計畫的，不是經濟學家就是物理學家。前者慣於將自然界視為一個物資體系，其「真實」的價值是以金錢來衡量，後者則是將自然界視為一個簡單易懂的實驗模型。這些人士所提出的論點通常是，由於我們的無心之過，如今因溫室氣體排放所產生的大氣變異，已達到令我們「別無選擇」的地步，我們唯有進行刻意而為的氣候「管理」才能解決這個問題。35 地球科學家深知大氣層、生物圈、氣候的歷史，包括猶如地獄般的生物大滅

31原注：Smith, C. J., et al., 2017. Impacts of stratospheric sulfate geoengineering on global solar photovoltaic and concentrating solar power resource. *Journal of Applied Meteorology and Climatology*, 56, 1484–1497. doi:10.1175/JAMC-D-16–0298.1.

32為熱帶赤道地區的顯著對流與顯著無對流的區塊，在北半球冬季主要以週期約三十至九十天的速度向東前進的現象，是大氣振盪的一種。

33原注：Tilmes, S., et al., 2013. The hydrological impact of geoengineering in the Geoengineering Model Intercomparison Project (GeoMIP). *Journal of Geophysical Research: Atmospheres*, 118, 11036011958. doi:10.1002/jgrd.50868.

34暗指白藍領階級。

35原注：Keith, D., 2013. *A Case for Climate Engineering*. Cambridge, MA: MIT Press.

絕、鼎盛的冰河期、脆弱的食物鏈、強大的回饋機制等，既悠
長又複雜。他們大多認為，人類可以「管理」地球的這個想
法，不但是妄想，也具有危險性。人類到現在甚至還未學會掌
控自己。在這種情況下，到底是什麼因素讓我們妄想還有能力
掌控全球自然體系的運作？

回歸自然

　　碳排放這道難題，不但是我們這個時代面臨的環保挑戰，
也凸顯了一個更普遍且難以控制的事實：若將消耗、改變或摧
毀自然事物所需的時間，與替換、復原或修補這些事物所需的
時間相較，兩者間存在龐大的不對稱性。這是我在碧璽晶體的
碎片中最先察見的殘酷真相，也是人類世最主要的挑戰。

　　這個全新的紀元，並非是讓我們掌管一切的時代；這只
是我們漫不經心與強取豪奪的作為，開始改變地球全新世習
性的時點。這個時點也並非意味著「自然的終結」，而是我
們「自外於自然」這個錯覺的終結。我們過於陶醉在自身創造
的事物，忘了人類是完全置身在一個更為古老、力量更強大的
世界，並且把這個世界的恆定性視為理所當然。

　　身為人類這個物種，我們的應變能力遠比我們一廂情願的

想像還要差勁。大自然——化身為卡崔娜、珊迪或哈維等颶風——只不過稍微偏離了我們預期的方向，就輕易使得我們蒙受經濟損失、引發社會不安。儘管我們連最微小的變動都不願見到，我們現今已埋下促使環境偏離常軌的禍根，而且偏離的程度將大於歷來所見，也比歷來更不可預測。關於人類世的一大諷刺是，我們對地球施加了大到不成比例的影響，但事實上，反而讓大自然堅定地重拾掌控權，並且準備好一套尚未發布，只能容我們猜測的規章。從記述地球先前動盪的化石紀錄中可以清楚得知，在新的穩定體系形成之前，生物地球化學系統可能處於變化無常的狀態，並且維持很長一段期間。

第6章
綜觀時間
——烏托邦與科學思維

愚者可以摧毀樹木，但他們罪無可逃。
　　　　——愛因斯坦，致米歇爾‧貝索（Michele Besso）親屬弔唁信，

一九五五年

遠古巨怪

　　每年二月有幾週的時間，溫納貝戈湖（Lake Winnebago）的冰面上會突然湧現小小的城鎮，彷若電影《蓬島仙舞》（*Brigadoon*）中百年一現的村莊。溫納貝戈湖是威斯康辛州最大的內陸水體，它的前身是面積更廣大得多的奧什科甚（Oshkosh）冰河湖，由冰河期晚期聚積的冰雪融水所形成。這座冰河湖遺留下的沉重黏土沉積物，是讓我們這一區的園丁感到頭痛的難題。溫納貝戈湖是一座淺湖，夏季時由於有草坪與農田的逕流灌注，通常會呈現極其驚人的綠色，儘管如此，這座湖還是涵養了一群健康的湖鱘。每年在前往上游支流

產卵前，溫納貝戈湖裡的鱘魚會聚集在一些區域，於是期間限定的小城就會開始浮現在冰面上，映照著底下的魚群。

鱘是大型的魚類──這個地區的鱘魚曾創下二百四十磅重的最高紀錄（據當地報紙指出，塊頭比一位熱門的「包裝工」隊線衛〔linebacker〕還要大1）。鱘魚的壽命比人類還要長，是自白堊紀早期存活下來的生物。人們捕捉這些鱘魚的方式，並不是將細鉤和魚線垂降穿過狹窄的螺旋鑽孔，而是將類似三叉戟的魚叉插進在冰面上鋸開的長方形大洞。如果用魚叉捕魚聽起來很殘忍，至少這是人類與魚類之間的一場公平對決。這些用魚叉捕鱘的人，會在昏暗的棚屋內等待好幾個小時，甚或好幾天。光芒穿過冰面，再從湖底反射出來的「二手」陽光，會發出瀰漫非現實感的光亮，這是棚屋唯一的照明來源。若是剛好有鱘魚從旁游過，能在精準的時機，以足夠的氣力將魚叉插入水中，給予一記重擊，然後兩相搏鬥，將鱘魚從嚴寒的水中扭扯出來，可謂技術卓絕的運動表現。有些人枯坐在捕鱘小屋內三十季也捕不到一條魚。有些鱘魚則是在湖裡漫游了超過一個世紀也沒被捕到。

早在一九一〇年代，溫納貝戈湖與其相連結的水域便有鱘魚數量下滑的隱憂。鱘魚的肉和卵都可以賣得高價，而年復一年，商業捕魚作業都是盡可能捕捉越多鱘魚越好。在一九五三

年冬天，有將近三千尾的鱘魚被捕獲，促使大眾醒悟到，鱘魚
有可能很快就會因捕獵殆盡而絕種。魚叉捕鱘人與威斯康辛州
自然資源部開始攜手合作，共同監測魚群數量，並設定捕捉
限額。[2] 在春天的產卵季，由州民組成的志工隊（「鱘魚巡邏
隊」）會沿著支流站崗。母鱘會在支流處半浮出水面，在略微
沒入水中的岩石上產卵，公鱘會隨後而至為這些卵授精。自然
資源部的生物學家會密切留意冬季的捕鱘量。一旦達到年度配
額，捕鱘季就會結束，有時才剛開始幾小時就宣告終了。魚叉
捕鱘人知道這是為了保護未來的鱘魚群，所以會遵守這個制
度。湖岸會設立秤重站，地點就在通往棚屋區的冰道起點。每
一條魚都在這些站點鑑定性別、秤定重量，其年齡則是透過
切下一小片背鰭來估算，因為背鰭上有類似樹木年輪的生長
環。那一隻比曾祖母還要老！這一隻是柯立芝（Coolidge）
在當總統的時候孵化的！秤重站本身是一座轉瞬即逝的村
莊，供老老少少聚集在此，觀看巨大的鱘魚被拉出這個近在咫

---

1 原注：供包裝工行家參考：這位線衛就是德斯蒙德・畢曉普（Desmond
　　Bishop）。（譯注：包裝工隊Packers是Green Bay Packers的簡稱，即威斯康
　　辛州職業足球隊「綠灣包裝工」隊。）
2 原注：Wisconsin Department of Natural Resources, Winnebago System Sturgeon
　　Spearing, http://dnr.wi.gov/topic/fishing/sturgeon/sturgeonlakewinnebago.html.

尺，但每年冬天只有幾週能瞥見的平行遠古世界。

尋找失落的時間

　　法國哲學家布魯諾・拉圖（Bruno Latour）認為，現代社會最明顯的特質，就是「對於流逝的時間有種特異的理解傾向，彷若將往昔全都拋諸在後。³」我們認為人類的世界觀代表著一種「認識論的裂變（epistemic rupture），而此種裂變十分徹底，以致過往未在當中留下一絲痕跡」。同時，我們也認為自然史長久以來定義著人類的生命歷程，而人類的科技讓我們可以從其壓迫中解放出來。永久逃離過往的我們，對往昔有著矛盾的情感。我們允許自己偶爾思古懷舊，卻責罵別人「活在過去之中」。我們普遍的共識是，必須確實消除過去，才能騰出空間迎接更美好的事物（你是否還記得那些舊式的翻蓋手機？）。我們告誡彼此不要成為反科技者切勿向後倒退，回到黑暗的時代。

　　但被困在「現在」之島的我們十分孤單。當我看到一群人每年在寒冬中擠在一起，就是為了觀看又大、又老、又醜的魚接受秤重，便感受到一種非常不現代，想要與過往連結的渴望。而我也猜測，我們把自己從過往中放逐出來，是許多病徵

的根源：犯下危害環境的罪行，以及對自身存在莫名感到不安，這兩種症狀都起源於我們對人類在自然世界史中的定位有扭曲的認知。倘若我們能欣然接受我們共有的過往及共同的命運，認為自己是幸運的繼承者，而且最終將成為遺贈者，而非地球這座莊園上的永久居民，人們就會更善待彼此與這個星球。簡言之，我們需要與時間建立新的關係。

我們現代人堅信，時間是個單向的向量，消逝的過往再無可尋，這個信念本身即代表著與過往的決裂。早前的社會與文化尊崇祖靈並恪行古儀，這些傳統將現世、往生、未生之人交織成一張統合的時光之布，模糊了過去、現在、未來的概念。佛教中念這個概念源自巴利語sati，通常英譯為「mindfulness」⁴，也就是只專注於「此刻」，但實際上，它的意思比較接近「當下的憶念」（memory of the present）——亦即從超脫現下的法門來覺知此時此刻⁵。迦納人有種符號稱為Sankofa，通常以一隻轉頭回望的鳥為象

---

3 原注：LaTour, B., 1993. *We Have Never Been Modern*. Cambridge, MA: Harvard University Press, p. 68.

4 中文通常譯為「正念」。

5 原注：Shulman, E., 2014. *Rethinking the Buddha: Early Buddhist Philosophy as Meditative Perception*, Cambridge: Cambridge University Press, p.114.

徵，用來提醒世人在前行之時，也要回首過往，引以為鑑。
在北歐神話中，名為「尤克特拉希爾」（Ygdrassil），支撐
著整個宇宙的世界之樹，是由三位女子，也就是神祕的諾倫
三女神（Norns）照管，分別是兀兒德（Urðr）、薇兒丹蒂
（Verðandi）和詩寇蒂（Skuld）。三位女神之名有時會詮釋
為「過去」、「現在」、「未來」的意思，直譯則為「命運、生
成、必然」之意，暗示著一種奇特的時間循環概念，亦即未來
是包覆在過去之中。6 諾倫三女神每天會從聖井汲取古老的泉
水灌溉世界之樹，並朗聲誦讀「奧爾勞格」（Orlog），即向
來主宰全世界的永恆法則。這兩個舉動體現了北歐文化中的
命運（wyrd）概念，就是過去對現在的影響力。7

　　從眾多層面觀之，地質學的目的在於了解「wyrd」──
過往的祕密史話如何支撐起這個世界，將我們置身於現今之
中，並設定我們未來的道路。過往並未消失；事實上，無論是
在岩石、地景、地下水、冰川或生態系統中，都能明顯察覺到
過往的存在。在遊歷一座宏偉的城市時，若能了解其建築的歷
史背景，可以豐富身處其中的體驗。同樣的，要是能辨識出過
往各個地質年代的獨特「風格」，也能獲得深切的滿足感。而
且我們也「居住」在地質時間之中。

　　我通常會覺得我不只是住在威斯康辛州，而是住在許許多

多的威斯康辛州。此處的地貌蘊含著眾多大自然和人類的歷史故事，即便我試圖不去在意，還是不免感受到其綿延不斷的影響力：在十九世紀遭到皆伐（clear-cutting）[8]而尚在復甦中的林地；曾經主宰古老商道的河川——它本身是由受到廣大冰層推擠的冰磧石（moraine）形塑而成；標示著古生代海岸的金黃色砂岩；還有扭曲變形的片麻岩，是元古宙遺留下來的山根。奧陶紀並不是一個朦朧的抽象概念；我前幾天才和學生一同造訪過！對地質學家來說，每一個岩石露頭都是通往古老世界的入口。由於我早已習慣以這種包含「多重時點」的方式思考，因此有人提醒我這並不是一般人慣常的思考方式時，我感到相當驚訝。

威斯康辛州是水文豐饒之地，以五大湖中的蘇必略湖與密西根湖為界，數以千計的小型湖泊星羅棋布，曲折的河流蜿蜒其中。此外尚有每年可獲雨雪重新挹注水源的可靠蓄水層。但

---

6 原注：一千年後，另一位斯堪地那維亞人，丹麥神學家兼哲學家齊克果（他必定會否認維京人有任何長存的影響）提出了一個相輔相成的設想，即「未來不僅意味著現在與過去；因為未來從某種意義上來說，是將過去包含在內的一個整體。」[Kierkegaard, 1844, *The Concept of Dread*].

7 原注：Bauschatz, P., 1982. *The Well and the Tree*. Amherst: University of Massachusetts Press.

8 將伐區內的成熟林木在短時間內全部或幾乎全部伐光。

都會區與企業農場擴張，已造成該州部分地區產生地下水危
機。直到最近，州法才限制高產能井必須設立在地下水自然
補充率能跟上抽取量的地區。自然的地下水流速視當地的岩
石或冰川沉積物的性質而定，從每天數英尺到每年數英尺不
等。此外，從井中汲取的地下水也視井深而定，可能已存在數
年、數十年，或數個世紀之久。所以了解某一地區的地質背景
與人類使用地下水的歷史，對維護蓄水層來說至關重要。但只
顧商業利益的州檢察長（attorney general）卻裁定，自然資源
部無權衡量任何特定地區水井產生的複合效應，主張該部向某
工業用乳品業者核發鑽井許可證後，接著卻拒絕發證給另一家
業者，乃是「不公平」的作法。檢察長的此等作為，即是判
定過去與未來都無關緊要。只有現在才是重要的。

　　人類科技進步的一個諷刺是，它已造就一個在許多方面
比工業化前的世界更缺乏科學認知的社會。在工業化之前，
沒有任何一位透過辛苦勞作明白物理現象，以及透過自給自
足式的農耕了解氣候的公民，會認為自己不受大自然法則支
配。「現代」人這種一廂情願的奇想（magical thinking），特
點就在於認為，只要像唸咒語般一再複誦謊言，就能將它轉變
成科學真理。這種思維也與對自由市場的一種玄妙信念結合
——據預言家所說，自由市場將能透過某種方式，讓我們永遠

過著超支無度的生活。

　　問題的癥結在於，科技的發展速度，遠超過人類智慧成熟的速度（在生物大滅絕事件中，環境變遷速度超越演化適應速度也是同樣的道理）。評論家與作家里昂・韋斯蒂爾（Leon Wieseltier）指出：「每種科技都是在為人完全理解以前就付諸使用了。創新的事物總是先行於對其所致後果的領悟。」[10] 數位科技飛快的汰換速度及其所產出的「文化廢料」，削減了我們對長久留存事物的敬意（「那已經是五分鐘前的事了吧！」）。而就如同對GPS導航系統的依賴，造成我們的空間想像力萎縮，流暢無阻、無時無刻即時進行的數位溝通，也減弱了我們對時間結構的認知。「現代」人主張唯有「當下」才是真，此種想法可以說是一種妄想，而中世紀的「命運」觀似乎才顯得進步開明。我們盲然無視過往的存在，事實上將會危及我們的未來。

9　原注：Bergquist, L., 2016. Brad Schimel opinion narrows DNR powers on high-capacity wells. *Milwaukee Journal Sentinel*, 16 May 2016, http://archive.jsonline.com/news/statepolitics/brad-schimel-opinion-narrows-dnr-powers-on-high-capacity-wells-brad-schimel-opinion-narrows-dnr-powe-378900981.html.

10　原注：Wieseltier, L., 2015. *Among the Disrupted, New York Times Book Review*, 7 Jan. 2015.

宛如沒有明天

　　我們習慣將「現在」視為一座孤島，受到其他時間片段組成的廣闊海峽分隔，而要破除這種思考模式並非易事。我們喜歡這個「現在」——喜歡我們的數位裝置如何以持續不斷的響聲防止我們過度沉湎在過去，或是過度謹慎地規劃未來。各家企業為我們構築出永保青春的美麗願景。而終其一生暴露在企業廣告之中，讓此種願景深深烙印在我們的腦海裡，驅使我們購買下一個新奇的事物，維持我們不受時間流轉影響、這個「現在」永遠不會結束的幻覺。在我們的文化之中，報酬最高的工作者是避險基金的經理人，因為他們所撰寫的演算法能在數秒內做出決策——「現在」就是一切。

　　現今用Google搜尋「Seventh Generation」（第七代），就會出現「代代淨」（現為跨國企業聯合利華〔Unilever〕的旗下事業）這家清潔用品公司官方網站與社群媒體帳號的連結。但所謂「第七代」的理念，是在三百多年前北美原住民的易洛魁聯盟憲法（Iroquois Gayanashagowa；又稱「大律法」〔Great Binding Law〕或「和平大律法」〔Great Law of Peace〕[11]）中提出，至今仍是有史以來最激進創新且最有遠見的構想，主張領導人凡是在採取任何行動前，都必須仔細考量其對「尚未出生

……容顏尚未浮現於世的未來民族（Nation）」可能造成的影響。七個世代，或許相當於一個半世紀的時間，比人的一生還長，但尚未超出人類的生命歷程。這是從某人的曾祖父母跨越到其曾孫子女的時間歷程。從「七代人」原則的觀點來看，我們當前的社會是盜賊統治（kleptocracy）的社會，向未來偷取一切。我們要怎麼做，才能讓一個甚至不認可時間的現代世界採行這個古老的理念？

我們虧欠了未來什麼？畢竟，就如同一句汽車保險桿貼紙上的妙語所說：「未來的世代為我們做過了什麼？」根據哲學家山繆‧薛富勒（Samuel Scheffler）的設想，他們實際上做得可多了。他指出，假若我們知道人類一族在我們自己死後不久就會滅亡，我們身為人類的生命歷程就會變得截然不同：「知道我們與所有我們認識和關愛的人有朝一日將會死去，並不會讓大多數人對我們日常活動所代表的價值失去信心。但若知曉未來不會有新的世代存在，就會讓我們許多的日常作為變得似乎毫無意義。」[12] 薛富勒受到P‧D‧詹姆斯（P.

11原注：大律法全文可參見 http://www.indigenouspeople.net/iroqcon.htm.
12原注：Scheffler, S., 2016. *Death and the Afterlife*. Oxford: Oxford University Press, p. 43.

D. James）的反烏托邦小說《人類之子》（*Children of Men*）
情節啟發，認為我們是否能享有充實美滿的生活，取決於一個
信念，就是我們「在不斷推進的人類歷史上，在隨著時間延伸
的生命與世代鏈上」占有「一席之地」。

　　所以要感謝未來的世代讓我們保有理智。那麼我們又能如
何回報他們呢？單純從經濟的觀點來看，我們應該投資在防治
未來環保問題的事務上，只要未來的效益大於現今的成本——
而每項針對氣候變遷預期效應的經濟研究都顯示，當前任何的
投資都將得到許多倍的回報。真正的問題在於將經濟決策的時
間表，從會計季度拉長為數十年或甚至更長的時程。

　　有篇發表於《自然》期刊的論文名為「與未來攜手合作」
（Cooperating with the Future），內容發人深省。論文中提到，
一群經濟學家與演化生物學家設計了一個遊戲式的模型，藉以
找出可望鼓勵世人以跨世代為考量做出資源使用決策的經濟誘
因或治理策略。[13] 學者群在遊戲中發現，如果決策是基於個人
考量而做，那麼資源往往幾乎在一個世代內就會消耗殆盡，
通常是因為一到兩個「無賴」玩家提取了超出他人認為公平
或合理的分量。當然，這就是典型的公地悲劇（tragedy of the
commons）——共同資源（如牧場）遭到掠奪的現象；若不是
少數惡劣分子（放牧過多羊隻的牧羊人）的自私行為，這些共

同的資源本可透過共同的約束永續維護下去。[14]

　　但這場「跨世代物資分配遊戲」（Intergenerational Goods Game）發現，如果每個世代都能投票決定其一生中將提取的資源量，然後根據投票結果的中位數將資源分配給每位玩家，那麼至少一部分的資源可以往下傳承好幾代。投票可以讓提取公平比例資源的玩家（通常也占大多數），約束惡劣分子的行為。對於可能在未受到規管的體制下冒險侵犯資源共有權的人士來說，投票也有助於讓他們相信，遵守全體共同決定的限額規範對他們本身最有利。然而，唯有投票結果具約束力，這個分配體制才能運作。易洛魁聯盟不需要遊戲理論及統計分析，就明白了這個道理。

大時代

　　我們所面臨的問題是，我們缺乏進行跨世代行動的欲望，也缺乏相關的政治經濟基礎架構。雖然從狹隘觀點思考的習性

13原注：Hauser, O., et al., 2014. Cooperating with the future. *Nature*, 511, 220–223.doi:10.1038/nature13530.
14原注：Hardin, G., 1969. The tragedy of the commons. *Science*, 162, 1243–1248.

難以破除，但一系列橫跨時代的藝文計畫或許能啟發我們的靈感。攝影家瑞秋‧薩斯曼（Rachel Sussman）15 行走世界各地，目的是為已生存在世上超過二千年的生物（真正的「千禧世代」）拍攝正式的肖像，包括：一株在柏拉圖時代就已經活著的腦珊瑚（brain coral）；在巨石陣建起之時還是樹苗的猴麵包樹（baobab）及刺果松（bristlecone pine）；自元古宙起便一直以同樣模式生活的澳洲疊層石；沉睡七十萬年，經歷六次冰期，如今因為人類世氣候暖化而再次甦醒的西伯利亞凍土細菌。這些古生物擴大我們的視野，使我們領悟到另一種與時間共生的關係。透過它們之身，我們不再受人類壽命局限，得以放眼更遼闊的生物世界。

　　日本「觀念藝術家」河原溫的作品探索了時間的概念，亦即不包括任何敘事，最原始的時間體驗。16 在一九六六年至二〇一三年間，他創作一系列數以千計、統稱為《今日》（Today）的畫作，僅用白色顏料在單色的底色上書寫日期。在一九七〇年至二〇〇〇年間，他發送數百份電報給藝術品經紀人及朋友，內容都寫著「我還活著」（在這種情況下，這項創作專題的存續期間比其載體還要長）。他會在展品的附加說明中，以截至展覽開幕日共活了多少天來表示他的年齡。他的作品《一百萬年》（One Million Years）是由二十卷書組成，當

中列出從西元前九九八〇三一年至西元一九六九年的日期。
前半套作品的時間有一大部分與南極洲（應該更耐人尋味）
的冰芯紀錄年代重疊。《一百萬年》的現場朗讀計畫至今仍進
行著，並且錄音保存；若以每分鐘一百個數字的流暢速度計
算，需要一天二十四小時，共七天的時間才能數到一百萬。

　　凱蒂・帕特森（Katie Paterson）在奧斯陸的「未來圖書
館」（Future Library）計畫，是由人類與樹木共同參與的藝術
創作，旨在反思具有意義的特定時機。未來圖書館設有委員
會，其現任的成員終將死去，再由新成員遞補。委員會負責
每年挑選出一位作家，由其交付一則寫給一百年後讀者的短
篇故事（瑪格麗特・愛特伍〔Margaret Atwood〕是首位入選的
作家）。這些手稿將不開放給任何人閱讀，並存放在奧斯陸
的德切曼斯克圖書館（Deichmanske Library）。與此同時，在
該市北部特別栽植的森林中，成排的冷杉正在成長。冷杉到

---

15 原注：Sussman, R., 2014. *The Oldest Living Things in the World*. Chicago: University of Chicago Press.

16 原注：Smith, R., 2014. On Kawara, artist who found elegance in every day dies at 81. *New York Times*, 15 July 2014. https://www.nytimes.com/2014/07/16/arts/design/on-kawara-conceptual-artist-who-found-elegance-in-every-day-dies-at-81.html.

二一一四年，也就是達到一百歲時，就會被砍伐下來製成紙張，藉之將這些短篇故事印製成一本文集。這項計畫已經交付信託機構代管，在發起人士辭世後仍能持續進行。

　　實驗作曲家約翰·凱吉（John Cage）的管風琴作品〈越慢越好〉（ORGAN2/ASLSP〔As SLow aS Possible〕），依然在德國哈伯斯塔鎮（Halberstadt）一座十四世紀的大教堂演奏著，這場音樂會預計將持續六百三十九年。[17] 自這首曲子於二〇〇一年九月（在凱吉八十九歲冥誕）開始演奏以來，僅變換了十二個和弦。每個和弦會利用在踏板施加重量的方式，持續演奏數個月到數年不等。就如同未來圖書館的百年計畫，這場持續數個世紀的音樂會，將需要多個世代通力合作才能完成。

　　發明家丹尼·西里斯（Daniel Hillis）設計了一座「萬年鐘」，目前正由今日永恆基金會（The Long Now Foundation）負責在德州西部的山中打造。[18] 萬年鐘具有不鏽鋼波紋管，會隨著外部空氣的溫度變化膨脹收縮，繼而產生動力。這座時鐘未來會安裝十英尺長、以鈦金屬製成的耐鏽蝕鐘擺，以及可供鐘體探測太陽在天空中的位置，定期自行校正時間的藍寶石鐘面。西里斯指出，設計出一項存續時間將等同於人類歷史的物體，肯定能讓我們對時間產生極為不同的看法。舉例來說，在這一萬年間，若不計入閏秒影響，將會導致時鐘出現三十天的

誤差。屆時，地球將位於其歲差週期的另一個極端點，北半球會在現今的冬至時分向太陽傾斜。在這段時間尺度所發生的內部環境變化，也必須納入考量。如果氣候變遷加速而且冰帽融化，地球質量從兩極轉移至海洋，將微妙地影響地球的軌道。[19]

　　一般人也許很容易認為，這些計畫不過是一些噱頭或愚蠢的想法罷了，但其立意是啟發我們以新的方式省思自身在時間中的定位。我們甚至可以參照這些計畫的要旨，設計跨世代治理的基礎建設。目前幾乎沒有任何公立或甚至私立機構的運作架構，容許進行時間長於一個選舉週期，或是數個會計年度的規畫。全球財富日益集中在極少數人手中的現象，意味著對世界大多數人來說，短期求生問題永遠比籌劃未來更重要。以超級富豪的財富創建的私人慈善基金會，的確比較有餘裕以跨世代的時間尺度來思考問題，而且能夠進行可能需要持續投入數十年精力才能完成的慈善計畫。這些基金會的慈善作業誠然值得讚揚，但也極度缺乏民主性；這表示少數極為富有之人是唯

17原注：John Cage Orgelprojekt Halberstadt. http://www.aslsp.org/de/.

18原注：The Long Now Foundation. http://longnow.org/clock/.

19原注：Feder, T., 2012. Time for the future. *Physics Today*, 65(3), 28.

一可以掌控未來的族群。而且這些人之中，有的還對未來存有
虛妄的想法。

有越來越多的超級富豪斥資興建豪華的「地堡」──
二十一世紀版的輻射避難所──倘若發生氣候災變，他們可以
舒舒服服地在裡頭過活，其他人只能在外艱苦面對炙熱的天
氣、侵蝕陸地的海水，以及歉收的作物。20 這些超級富豪有許
多是矽谷的億萬富翁，他們所經營的高科技公司，看似構築在
標榜美好未來的願景之上。但這些公司似乎另有盤算，亦即一
邊說服大眾相信這個虛幻的願景，一邊卻為末日的來臨暗做
準備。此外，這些超級富豪之中，也有不切實際的未來主義
者。他們很自信地斷言，當放棄地球的時刻到來，將火星開發
為移民地是確實可行的計畫──甚至是人類在探索新疆域的過
程中自然且必然歷經的階段。

此種思維顯露出深深扭曲的時間觀──對時間的錯亂理
解：不但全然漠視地球與生命長久的共同演化歷程，也恣意否
定我們自己身為物種的演化史。在這許多世紀以來，我們人類
何時成功執行過具有建設性，但需要投入龐大費用，而且沒有
立即回報的跨國計畫（除了摧毀原住民文明以外）？我們又
怎麼能妄想在一座未有演化淵源的天體上，人類能夠欣欣向
榮？我們甚至尚未學習到要在這座古老、友善、宜居的星球上

互相關懷。

　　在經濟體系的另一端，有種源自美洲原住民部落的不同領導模式，是以長遠的未來為考量。儘管多少世紀以來，這些部落遭受到滅族之禍、背約之害、生活在赤貧之中，卻仍舊憑藉著文化理論學家傑洛・維茲諾（Gerald Vizenor）所稱的「抗存」（survivance）能力得以屹立不搖。維茲諾是明尼蘇達州白土保留區歐及布威族（White Earth Ojibwe）的註冊成員。對他來說，「抗存是故事的延續……可繼承的演替權」，根植於先祖對微小保留地（有限的世界）的深深依戀。21 抗存重視堅忍甚於征服；克制甚於消耗；持續性甚於新奇性。此外，抗存也具有頑強、諷刺、自我貶低的意味，能洞悉大自然的慈悲與無常，以及人性的至善至惡。

　　近年來，許多美洲原住民部落紛紛崛起，成為環境管理（environmental stewardship）的領導者，他們搜集長期的資料集、組織基層抗爭，並對威脅公共水域的礦場和管線提告。威斯康辛州、明尼蘇達州、密西根州的部落，將其資源匯集在五

20原注：Osnos, E., 2017. Survival of the richest. *New Yorker*, 30 January 2017.
21原注：Vizenor, G., 2008. *Survivance: Narratives of Native Presence*. Lincoln: University of Nebraska Press.

大湖印第安魚類和野生動物委員會（Great Lakes Indian Fish and Wildlife Commission，簡稱 GLIFWC或「Glifwick」）。該協會除了做為相關作業的中心據點，亦協助非當地的環保組織協調法律行動、公眾教育、保育舉措等事宜。[22] 當州長宣布「威斯康辛州歡迎企業進駐」，以及州議會在幾個月內就將四十年來具科學理據基礎的環保法規大修完畢，GLIFWC便挺身主張公共信託原則（Public Trust Doctrine）。在此原則下，政府有義務為了集體利益維護州內的湖泊與河川。這其中隱含了深刻又可悲的反諷，也就是在遭受美國政府多年不當的對待後，這些部落在眾多層面卻展現了最真實的愛國情操，力阻美國走上自我毀滅的道路。

未來式

當我們窺看地質的未來，會發現一種矛盾的現象：在某種程度上，遠方的事物反倒比近在眼前的事物更能看得清楚。太陽身為G型星，年齡約已達預期壽命的一半，大概在五十億年內會進入紅巨星的階段，吞噬地球與其他內側行星。然而，在這之前的三十億年，太陽不斷增強的光芒將導致地球的海洋蒸發，造成嚴重的溫室效應。一旦地球的水逸散到太空，在地

質年代固存火山噴發之二氧化碳的碳—矽酸鹽風化系統將停擺，引發更激烈的溫室狀態，在距今約二十億年之時，地表的狀態恐達到令所有生物都難以忍受的地步。[23] 向來與水分的存在息息相關的地球地殼結構也將深深改變。在地表水消失後，由隱沒板塊攜入地幔的海水將使弧火山活動持續數億年。但沒有海水的冷卻效應，海洋地殼將在更長的時間中維持在更炙熱、更有浮力的狀態，繼而抑制隱沒作用並改變地殼運動的速度。

　　至少大約在往後另十億年，板塊構造運動會持續將各座大陸搬運到全球各地的新位置。大西洋將開始閉合，而約在二億五千萬年內，美洲將與歐亞兩洲合併成已由地球物理學家克里斯多福・史考提斯（Christopher Scotese）命名為「終級盤古大陸」（Pangaea Ultima）的新超級大陸。[24] 在此同時，川

22原注：Loew, P., 2014. *Seventh Generation Earth Ethics: Native Voices of Wisconsin*. Madison: University of Wisconsin Press.

23原注：Wolf, E., and Toon, O., 2015. The evolution of habitable climates under the brightening Sun. *Journal of Geophysical Research: Atmospheres*, 120, 5775–5794.doi:10.1002/2015JD023302.

24原注：Http://www.scotese.com/future2.htm. See also Broad, W., 2007, Dance of the continents. *New York Times*, 9 January 2007. http://www.nytimes.com/2007/01/09/science/20070109_PALEO_GRAPHIC.html?mcubz=2.

河江流應已夷平了喜馬拉雅山、阿爾卑斯山、洛磯山脈。

　　在大約八萬年內，地球的米蘭科維奇離心率循環將達到可能出現另一個冰河期的時點，但實際演變狀況將視溫室氣體濃度、海洋環流、生物圈狀態，以及其他許多變數而定。接下來一千年的發展（相當於現代與維京時代的時間差距）就更難細看分明了。若屆時仍未能嚴厲遏制人類的碳排放，氣候系統強大的正回饋機制受到啟動，地球恐再現古新世－始新世氣候最暖期。海平面將上升數十英尺，淹沒全世界許多人口最為稠密的城市。變更後的天氣型態——出現更猛烈的風暴、更漫長嚴重的乾旱——將對全世界的糧食生產構成壓力。政府將必須傾注比例越來越高的預算進行危機管理。地緣政治力量的平衡，將視各國在新氣候機制下的境況好壞而轉移。

　　但這一切都非既定之數。我們有能力為下一個千禧年譜寫出一段不同的傳奇故事。與其因為人類在十億年內將消失於世而對生存徒感絕望，不如讓我們至少在下幾個世紀再造新的未來。

時間托邦

　　在這些黑暗的時期，想像一下有「時間素養」的社會應是

何等模樣，可以令人充滿力量（或至少有療癒效果）。馮內果在他最後一次公開訪談中表示：「我認為……歷來沒有任何一個內閣設立過的職位，就是主管未來事務的部長，政府對我的孫子、曾孫的未來毫無規畫。」25 就讓我們採用馮內果的建議做為第一項提案：在總統的首席顧問團中，納入一位未生世代的代表。未來事務部（The Department of the Future）將推動重組社會各層面的優先事務。資源保護將再度成為世人重視的核心價值和愛國情操的表現。稅賦優惠與補貼將重新調整，獎勵長期的環境管理更甚於短期的資源開發。給予碳一個價格（碳定價）或許有助我們了解人類嗜用化石燃料的狀況，繼而從中醒悟，讓我們能為未來非人為促成的天然災害預做準備（例如下個世紀會發生數以百計的大地震），而非將資源耗費在人類自己引發的氣候災變上。

因貧窮和階級差異所造成的機會不均現象，將被視為具有深遠歷史成因的問題，唯有在同樣長遠的未來持續努力才能化解。公立學校教師和其他有助於投資未來的工作，將享有豐厚

---

25 原注：馮內果曾在二〇〇五年於 *PBS Now* 接受大衛・布朗卡奇奧（David Brancaccio）訪問。http://www.pbs.org/now/transcript/transcriptNOW140_full.html.

報酬並深受敬重。地質學將全面融入科學課程，或許可做為大
學最後一年的總整課程（capstone course），讓學生能應用物理
學、化學、生物學的概念來理解地球複雜無比的系統。若對地
球的運作機制有了穩固的了解，學生們未來便能成為富有知識
的選民，要求政府官員克盡己職，妥善治理水文、土地、大氣
等資源。擁護第七代原則的議員、州長、市長，將自豪地指出
他們的努力目標，在感激的選民支持下獲得連任。

　　從更廣大的層面來看，各個學校將會協助培養學童對歷史
與自然史的知識與愛好，讓他們能自然而然感知自身在時間當
中的定位，並衍生出強烈的好奇心，想要了解更多相關的知
識。過往地質年代充滿戲劇張力的史話，正適合滿足人類想要
聆聽故事的渴望。有項值得注意的心理研究指出，人們之所以
抗拒演化這個概念，主要是源自對自身存在的恐懼，而非宗
教教義。若能更熟知自然界的故事篇章，這種抗拒感就會降
低。26 一系列對照實驗的結果顯示，若經提示想到死亡，會使
許多人（涵蓋擁有各種宗教信仰的受試者）更有可能給予創造
論者的「智慧設計論」（intelligent design）信條較好的評價，
想必是這種信條在人們面臨心理威脅時可提供一份慰藉。但調
查人員也發現，同樣一群人在閱讀關於自然歷史的非專業性短
文後，會比較不為反演化論的主張所動，彷彿像是在科學的論

述中找到了類似的慰藉。正如達爾文在《物種起源》結語的感
性描述：

　　以此觀之，生命是何等壯麗，其蘊含的種種力量原本僅注
入在少數幾種或一種的生命形體內；然而這座星球自此根據恆
定不變的重力定律循環不息，從如此簡單的開端，已然並持續
演化出最為美麗奇妙且變化無盡的生命形體。

人類一直是此種壯麗生命的一員；我們只是用己身被排除在生
命園地之外的這個想法來折磨自己。
　　一 九 七 三 年 ， 遺 傳 學 家 費 奧 多 西 · 多 布 然 斯 基
（Theodosius Dobzhansky）被試圖影響生物學教科書內容
的「科學創造論者」激怒，寫下一篇標題為「除非從演化角度
觀之，否則生物學中的一切將毫無意義」（Nothing in Biology
Makes Sense Except in the Light of Evolution）的經典短論。27 這

26原注：Tracy, J., Hart, H., and Martens, J., 2011. Death and science: The
existential underpinnings of belief in intelligent design and discomfort with
evolution. *PloSONE* 6: e17349. doi:10.1371/journal.pone.0017349. http://www.
plosone.org/article/info%3Adoi%2F10.1371%2Fjournal.pone.0017349.

篇短論的標題已為一代又一代的自然科學學子提供有力的指引。在一九九〇年代，如理察・道金斯（Richard Dawkins）與蘇珊・布萊克莫爾（Susan Blackmore）等廣受歡迎的作家，以「普世性達爾文主義」（Universal Darwinism）的概念擴大了演化思維的範疇，提出媒因（meme），也就是文化基因的概念（雖然如今媒因一詞已〔脫節〕演變為「迷因」，亦即在網路爆紅的影音圖文，如配上全大寫字母字幕或說明的貓咪影音圖像）。

理論物理學家李・斯莫林（Lee Smolin）甚至更進一步主張，演化確實是「放諸宇宙皆準」（Universal）的現象：他假定物競天擇機制曾作用於先前存在的各個宇宙，也許可以用它來解釋基本物理參數值為何能不像真實般地契合，使得這個宇宙得以在數十億年間穩定存在。因此，如各種生物的適應性特徵（adaptive trait）等物理的「常數」，可能已經過長時間的演化。[28] 雖然斯莫林的想法（可以說）未能普遍（universally）受到宇宙學界接納，但見到達爾文的思維能進入曾經將時間性（temporality）排除在外的領域，還是頗令人激賞。

儘管科學家認為大自然的一切都藉由持續不斷的演化主線彼此相連，但後繼的人類世代所運用的科技，以及交換的文化

基因，正日益切斷世代間的連結。我們幾乎沒有任何機構可以供處於生命各個階段的人們一起聚首，體驗共通的人類社群感，也就是佛洛伊德所說的「汪洋感」（oceanic feeling）[29]，以及身為哲學家與宗教理論家的艾彌爾・涂爾幹（Émile Durkheim）所稱的「集體亢奮」（collective effervescence）[30]。我們需要一些空間，讓孩子從小就能於此領會自己正沿著一條古老神聖、橫跨時間長河的道路邁進，生命的豐富多彩來自普世的發展過程（演化），以及長大、變老是值得慶賀而非恐懼的事情。雖然宗教組織在傳統上填補了這個角色，但我們必須審慎地尋覓可做為「跨世代共享地」的新處所——例如唱詩班、社區花園、烹飪學校、口述歷史計畫、賞鳥團體、捕鱒俱樂部等。

27原注：Dobzhansky, T., 1973. Nothing in biology makes sense except in the light of evolution. *American Biology Teacher*, 35(3), 125–129. 值得注意的是，多布然斯基是位有神論者，同時也是虔誠的東正教徒，他不認為自己在演化生物學上的研究，與他對上帝的信仰有任何衝突。

28原注：Smolin L., 2014. Time, laws, and the future of cosmology. *Physics Today*, 67(3),38–43.

29原注：Freud, S., 1929, translated by James Strachey, 1961. *Civilization and Its Discontents*. New York: W.W. Norton, p. 15–19.

30原注：Durkheim, E., 1912. *The Elementary Forms of the Religious Life*. Translated by K. Fields, New York: Free Press (1995), p. 228.

在我本身的職涯中，基於對地質學的共同熱愛，我已經與來自眾多國家和文化，比我自己年長及年輕的世代，建立了深厚的友誼。我們曾一起搔頭端詳奇岩怪石、讚嘆動人的美景、手挽手涉過湍急的溪流，以及共同分享在小小營地火爐上煮出來的不明大雜燴。有件事頗耐人尋味，那就是雖然其他領域的傑出科學家往往會在二十多歲時做出最創新的貢獻，但是地質學家的養成較為緩慢，通常在傾注一生與岩石相伴後，於職涯的晚期進行最重要的研究工作。

地質學科的演進歷程也非常相似。維多利亞時代過於簡化的地球觀——奉行嚴格的均變說、相信大陸固定說、否認生物大滅絕的存在——已然式微，取而代之的是人類以更細微謙卑的方式對地球產生的理解，也就是地球有多種情緒和面貌，而且依然蘊藏著深奧的祕密。對我來說，地質學揭示了一個中庸之道，亦即兩個端點間——人類因為自大而愚昧地自戀自豪，與人類因為渺小而對自身存在感到絕望——的平衡點。地質學肯定了十八世紀波蘭猶太教拉比薛沙·布尼姆（Simcha Bunim）的教義，就是我們都應該在口袋中放進兩張紙條：一張寫著「我本是塵土」，另一張則寫著「塵世為我生」。

地球本身擁有深遠無比的歷史，是我們共有的遺產，也是我們全體的導師，可望幫助我們找到一套共同的價值觀。研究

地球的過往也許能讓我們重新認識到，人類是這座奧祕星球上
的公民，而我們急需對這座星球有更深刻的了解。在未來事務
部長的領導下，我們可以學習如何配合地球的節奏調整我們的
步調、屏棄人類世，重拾均變的面貌。

綜觀時間，與時俱進

　　就像許多在過去半個世紀經歷過童年，或曾為人父母者，
我深愛莫里斯・桑達克（Maurice Sendak）的經典繪本《野獸
國》（*Where the Wild Things Are*）。這是一個寓言故事，講述
我們能藉由幻想穿梭到其他的世界，超越時間的限制，反省自
己最壞的一面，並且改過自新。我在教授「地球與生命史」時
會想起主角「阿奇」（Max）的奇幻旅程，因為這是一門設定
大膽目標，要在一個學期內講述地球四十五億年歷史的課程
（每週要敘述約四億年的歷史）。我覺得自己彷彿和學生一起
踏上了漫長的旅程。我們遊歷奇異的地形景觀，觀看大陸的移
動，目睹生物地球化學系統的劇變、小行星的撞擊、冰河期的
到來、生物的滅絕，讚嘆野生動物豐富多樣的面貌，最後開始
瞥見有點像是家園的景象，就像阿奇房間的爬藤逐漸褪去，顯
現出原有的床鋪和桌子。

我們帶著無盡的喜悅抵達現代（如果我的速度掌握得當），並留意到這個世界包含了眾多先前的世界，都依然透過某種方式與我們同在——它們存在於我們腳下的岩石、我們呼吸的空氣，以及我們身體的每一個細胞裡。地質學事實上應該是最接近時空旅行的一門學科。我們可以從我們位於現代的絕佳觀察點，用任何速度重播往昔的片段，並設想可能的未來。這種地質心智習性，也就是慣於瞻前顧後來綜觀時間，融合了命運與sankofa符號（感受到過往的存在）、念（持有當下的憶念）、第七代思維（對未來的懷戀）等概念。這好比父母凝望著成長中的子女，對於子女們年幼時的情景仍記憶猶新，同時也滿懷希望地期盼著他們長大成人的模樣。

若綜觀時間的態度能普及於世，可望轉換我們與自然、人類同族與己身之間的關係。體認到我們個人和社會文化的故事，始終都包覆在更宏大、漫長（並持續推進）的地球故事裡，或許能使我們在面對環境時免於驕傲自恃。我們或許能學習到新奇與破壞並不是那麼重要，並且更加重視耐久性與韌性等價值。了解歷史事件是如何寫入我們每個人的生命歷程，或許能讓我們以更多的同理心對待彼此。而能夠綜觀時間、包羅多重時間概念的世界觀，或許甚至能將我們的焦點由生命的有限歲月，轉移到人的一生所匯集的豐富歷程，讓我們比較不憂

懼「人終有一死」這個事實。雖然隨著年紀增長,其他的知覺
官能可能會鈍化,但對時間的感受力(只能藉由經歷時間的洗
禮來培養)卻會提高。了解萬物今貌何以致之,何者已逝,又
有何者得以長存,可以讓我們更容易判別轉瞬即逝與永恆不朽
之間的差異。在年歲增長的過程中,我們必須捨棄世界只有一
種面貌的錯覺。

　　身處科技社會,在大部分的時間能與大自然保持一定距離
的我們,與地球之間幾乎呈現了一種隔絕自閉的關係。我們剛
愎自用,對於少數痴迷的事物無所不知,但在其他方面則有機
能障礙,因為我們錯將自己視為與其他自然界事物脫離的族
群。我們深信大自然和我們毫不相干,是靜默且一成不變的門
外之物,因此無法與大自然感同身受或與之溝通。

　　但地球一直在對我們說話。在每一塊石頭中,地球都揭示
了永恆的真理或良好的經驗法則;在每片葉子中,都有一座原
型的發電廠;而在每一個生態系統中,都有一個堪為模範的健
全經濟體。套用李奧帕德的名言,我們必須開始「像山一樣思
考」,洞察這座古老複雜、不斷演進的星球,了解其所有習性
和棲息其中的萬物生靈。

後記

　　約翰‧蒙羅‧朗伊爾（John Munro Longyear）是密西根州的木業與礦業大亨，他憑藉著密西根上半島元古宙時期的含鐵層發達致富。一九○五年，他在挪威北部的偏遠地區進行探勘，想要開發一條新的鐵礦帶。但是他需要煤來熔煉鐵礦，湊巧最近的煤田就在斯瓦爾巴群島——在這些北極的群島上，殘存著遠古的熱帶森林遺跡。他向一家位於特隆赫姆市（Trondheim）的小公司買下礦權地，設立北極煤炭公司（Arctic Coal Company），並建造了長年城（Longyearbyen），有點像是極北之地的西大荒（Wild West）。（不熟悉長年城名稱由來的人會開玩笑說，城名意味著在那個荒涼之地生活似乎是長日漫漫。）當朗伊爾發現在該地本土上的鐵礦不值得開

採，斯瓦爾巴群島的煤礦權遂重回挪威人手中，而礦區將保持
開放狀態達一個多世紀之久。今日，位於長年城上方山脈深處
的一些長坑道與隧道，已被賦予新的用途，成為全世界最大的
種子庫之一（參見圖十二）。

　　斯瓦爾巴全球種子庫（Svalbard Global Seed Vault）儲藏了
含有各式各樣基因的種子，將舊日主要作物種類的生殖細胞系
保存下來，他日若新型疾病出現或是因環境變遷而需要快速應

圖十二：斯瓦爾巴群島種子庫

變時，或許能派上用場。倘若農作物歉收慘重，這座受到冰雪覆蓋的北極山脈可望成為全世界的糧倉。種子是自給自足的行李箱，將一切打包好，隨時能展開跨越時間的旅程，即使經過數十年的休眠也能甦醒過來。在斯瓦爾巴群島這個無官方時區之地，一座廢棄的礦區成了穿越至未來的入口。

我們全新世的雪假即將結束，明日將是人類世的時代。我們都曾沉浸在美好的幻想之中，認為我們可以持續玩著只顧自身、不理世事的遊戲——當我們選擇進入這個幻想家園，就有晚餐等著我們享用，而且一切都不會改變。但沒有任何人在家等著照顧我們。現在我們必須長大並且自行尋找方向，盡全力解讀「往日的地圖」，彌補這大把失去的時光。

附錄一 簡版地質年代表

	宙	代	紀	起始 （百萬年前）	重大地質事件
顯生宙		新生代	第四紀	3	人類歷史（全新世～一萬年前） 冰河期（更新世）
			新第三紀	23	古新世—始新世氣候最暖期 （五千五百萬年前） 哺乳動物分化 巨鳥
			古第三紀	65	
		中生代	白堊紀	140	**恐龍滅絕** 大西洋開展 首度出現開花植物
			侏羅紀	200	
			三疊紀	250	**生物大滅絕** 爬蟲類時代開始
		古生代	二疊紀	290	**地球史上規模最大的生物大滅絕** 盤古大陸形成
			石炭紀	355	成煤木本沼澤廣泛分布 **生物大滅絕** 首度出現兩棲動物
			泥盆紀	420	
			志留紀	440	珊瑚礁廣泛分布 **生物大滅絕**
			奧陶紀	508	首度出現陸地植物 首度出現魚類
			寒武紀	541	現代動物門出現

附錄一（續）

宙	代	紀	起始 （百萬年前）	重大地質事件
前寒武紀	元古宙	新元古代		565	埃迪卡拉生物群
			800	雪球地球
		中元古代		「無聊的十億年」：氣候與地球化學系統異常穩定的時期
			1600	巴拉布山脈形成（威斯康辛州）
		古元古代		2100	條狀鐵層隨著氧在大氣中累積而沉澱
			2500	
	太古宙	新太古代		2800	現代板塊構造（隱沒作用）
			3200	威斯康辛州最古老的岩石
		中太古代			
		古太古代		3800	美國最古老的岩石（明尼蘇達州） 最古老的生命證據（格陵蘭）
		始太古代		4000	地球最古老的岩石
	冥古宙			4500	此時期地球未有岩石留存下來；已知岩石來自隕石、月岩，以及少數澳洲鋯石結晶

注：各時期區間與持續期間未依比例呈現。

附錄二　地球現象的持續時間與變動速率

A. 壽命

實體	預期壽命（年）	限制機制	參考章節
太陽系	一百億	太陽進入紅巨星階段，將各個行星吞噬	6
地球宜居期總長度	約五十五億（大概剩下十七億）	始於三十八億年前隕石重轟炸期末尾；將於太陽變得炙熱無比，使水分從地球表面蒸發時結束	4、6
大陸的地盾地區	達四十億	侵蝕作用	4
海洋盆地	一億七千萬	海洋地殼於溫度夠低、密度夠大而得以沉降至地幔時隱沒	3
山脈（地形）$_1$	五千萬～一億	地殼運動與侵蝕作用的相對速率	3
典型海洋無脊椎動物物種	於化石紀錄：$_2$ 一千萬 現存物種：$_3$ 十萬	海平面變化； 氣候變遷 氣候變遷； 海洋酸化及缺氧	5
典型陸地脊椎動物物種	於化石紀錄： 一百萬 現存物種： 一萬	氣候變遷 氣候變遷； 過度捕獵；棲息地破壞	5

1　原注：地形起伏微小的山脈深受侵蝕的山根，可多存留數十億年。

2　原注：May, R., Lawton, J. and Stork, N., 1995. Assessing extinction rates. In Lawton, J., and May, R. (eds.), *Extinction Rates*. Oxford: Oxford University Press, Oxford, pp. 1-24.

3　原注：Pimm, S., et al., 1995. The future of biodiversity. *Science*, 269, 347-350.

B. 滯留時間與混合時間

在地球化學中，**滯留時間**是特定物質通常停留在某一地點或某座**水庫**的時間長度。**混合時間**則是這座水庫使某一特定物質達到均勻濃度所需的時間長度。如果滯留時間大於混合時間，該物質在水庫中可以充分混合，達到均勻的濃度（例如海水中的鹽、大氣中的碳等）。而若滯留時間小於混合時間，該物質在水庫中就無法充分混合，也就無法達到均勻的濃度（例如海洋中的碳）。

	代表值	參考章節
滯留時間		
下列各處的水分$_4$：		2、3、6
大氣層	九天	
土壤	一個月～二個月	
河流	二個月～六個月	
湖泊	一年～二百年	
地下水		
淺處	十年～一百年	
深處	一百年～一萬年	
海洋	一千年	
冰河	一百年～八十萬年	
地幔	數百萬年	
下列各處的碳$_5$：		5
大氣－海洋系統	一百年～一千年	
土壤	二十五年	

陸地植物	五年～十年	
石灰石	一千萬年	
海鹽（鈉離子）	七千萬年	3
混合時間		
全球海洋	約一千五百年	2
對流層（大氣的最下層）	一年	5

4　原注：University Corporation for Atmospheric Research, Center for Science Education, 2011. *The Water Cycle.* https://scied.ucar.edu/longcontent/water-cycle.

5　原注：Kump, L., Kasting, J., and Crane, R., 1999. *The Earth System.* Englewood Cliffs, NJ: Prentice-Hall. Pp.134, 146.

C. 變遷的速度與速率

	地質年代平均值	人類世速率	參考章節
地震時板塊運動背景速率	1-10公分／年 1公尺／秒	相同	3 3
山脈的岩石隆升	0.1-0.5公分／年	相同	3
侵蝕或冰消作用造成的地殼均衡反彈	可達1公分／年	相同	3
抽取石油、天然氣或地下水造成的地層下陷	–	可達2公分／年	3
侵蝕作用	0.1公釐／年 （但隨地形起伏與氣候變動）	約1公釐／年[6]	3、5
海平面上升	全新世平均值（過去一萬年）：0.1公釐／年	自1900年起：1.7公釐／年[7] 自1990年起：約3.0公釐／年 2100年預期值：14公釐／年[8]	5、6
二氧化碳排放（以億噸為單位）[9]	火山排放：2億噸／年	人類排放：100億噸／年	5
大氣二氧化碳增加	自上次冰河期鼎盛期（一萬八千年前）：0.006 ppm／年	自1800年起：0.5 ppm／年 自1960年起：1.5 ppm／年 自2000年起：2.0 ppm／年	5

---

6 原注：Wilkinson, B., 2005. Humans as geologic agents.

7 原注：Church, J., and White, N., 2011. Sea level rise from the late 19th to early 21st century. *Surveys in Geophysics*, 32, 585-602. doi:10.1007/s10712-011-9119-1.

8 原注：US Global Change Research Program, 2014. *Third National Climate Assessment*. http://www.globalchange. gov/nca3-downloads-materials.

9 原注：Gerlach, T., 2011. Volcanic vs. anthropogenic carbon dioxide. *EOS*, 92, 201-208. doi:10.1029/2011EO240001.

D. 各種循環與再現週期

	循環時間長度	參考章節
超大陸旋迴（威爾遜旋迴）[10]；地殼聚合與分離之間的時間	約五億年	3
米蘭科維奇軌道循環： 　離心率 　傾斜度 　進動	九萬六千年與四十一萬三千年 四萬一千年 二萬三千年	5
丹斯伽阿德－厄施格爾週期：（更新世與海洋環流相關的冷卻／暖化現象）	一千五百年	5
聖嬰南方振盪（簡稱ENSO）；大平洋暖水團所在地出現的半週期性交替變化現象；可影響全球天氣	三年～五年	5
馬登－朱利安振盪：印度洋與太平洋氣團反覆向東移動的現象；可控制毗鄰此兩座大洋之陸地的降雨形態	一個月～三個月	5
地球自轉週期 　現代 　泥盆紀 　太古宙	二十四小時 二十二小時 十八小時	4
黃石公園超級火山大爆發之週期（最近一次爆發是在六十四萬年前）	約七十萬年	2、3
卡斯卡迪雅隱沒帶發生規模九大地震之週期（最近一次發生於一七〇〇年）	二百年～八百年	3
全球地震發生週期（長期平均值） 　規模九 　規模八 　規模七 　規模六	十年 一年 一個月 一週	3

---

10 超大陸旋迴（supercontinent cycle）亦稱威爾遜旋迴（Wilson cycle），指的是地球的大陸地殼準週期性的聚合與分離。

附錄三 地球史上的環境危機：前因後果

事件[11]	滅絕嚴重度[12]	碳循環擾動：火山／地殼運動	碳循環擾動：生物碳($\Delta\delta^{13}C$)[13]	氣候變遷
雪球地球 750－570 Ma	未知——可能相當嚴重	初期冷卻：碳固存＞火山排放量	可能因甲烷水合物釋出而終止($\Delta\delta^{13}C$ = -10)[14]	極寒再轉為極暖
奧陶紀末期大滅絕（#2）440 Ma	57%的屬 86%的物種	也許有某種類型的碳循環干擾，但未有效遏制		突然出現冰河期，之後快速暖化
泥盆紀晚期大滅絕（#4）365 Ma	35%的屬 75%的物種		生物碳埋藏量＞生物分解量($\Delta\delta^{13}C$ = ca. +4)[15]	突然冷卻
二疊紀末期大滅絕（#1）250 Ma	56%的屬 95%的物種	西伯利亞暗色岩（洪流玄武岩）	甲烷水合物及／或燃燒煤層($\Delta\delta^{13}C$ = -8)[16]	寒冷至極暖
三疊紀末期大滅絕（#3）200 Ma	47%的屬 80%的物種	中大西洋洪流玄武岩	($\Delta\delta^{13}C$ = -3)[17]	燥熱
白堊紀末期大滅絕（#4）65 Ma	40%的屬 76%的物種	隕石撞擊使二氧化碳從碳酸岩質的德干暗色岩釋出	($\Delta\delta^{13}C$ = -1)	短暫的寒流（飛灰、二氧化硫），之後是漫長的溫暖期（二氧化碳）
古新世—始新世氣候最暖期 55 Ma	深海有孔蟲類（foraminifera）受到重創	北大西洋洪流玄武岩	甲烷水合物及／或燃燒煤層($\Delta\delta^{13}C$ = -3)[18]	急劇暖化
人類世	滅絕速率為背景速率的100～1,000倍		化石燃料燃燒($\Delta\delta^{13}C$ = -2)[19]	快速暖化

海平面	海洋酸化	海洋缺氧	臭氧層破壞	後果／遺留影響
非常低至高				出現埃迪卡拉動物群，之後出現寒武紀大爆發
高至低至高		是		寒武紀生物（例如三葉蟲綱）銳滅
高至低		是		海洋濾食性動物分化
低至高	是	是	是——火山氣體所造成	生態系統永久重組：維持低氧狀態＞一百萬年
		是		恐龍分化
		是	有可能——隕石撞擊時海水中的氯蒸發？	恐龍消失（鳥類除外）；哺乳動物分化
快速攀升	是			沒有冰存在；主要的陸地及深海生態系統改變
快速攀升	是	是	是	？？

.

11 原注：事件時間以距今百萬年（Ma）為單位。五大生物滅絕事件嚴重度的排名標示於括弧內。

12 原注：Values from Barnosky, A., et al., 2011. Has the sixth mass extinction already arrived? *Nature*, 471, 51–57. doi: 10.1038/nature09678.

13 原注：Δδ¹³C值是從背景值來衡量海水中穩定碳同位素（¹³C與¹²C）的比例變動——因此可用來衡量碳循環受到干擾的嚴重程度。δ¹³C（「delta C-13」）定義為[(¹³C/¹²C方解石樣本值 ¹³C/¹²C方解石標準值)/¹³C/¹²C方解石標準值]×1000。（以1000為係數是為了讓偏差值呈現整數；¹³C/¹²C比例的變量以千分之一衡量）。Δδ¹³C（「delta delta C-13」）值表示δ¹³C值在特定一段時間的變化。若轉趨為負值，表示釋出的是生物（透過光合作用固存的）碳。若轉趨為正值則表示有機碳受到埋藏及／或火山釋放的二氧化碳量多於生物的二氧化碳排放量。

14 原注：Snowballearth.org.

15 原注：Buggish, W., and Joachimski, M., 2006. Carbon isotope stratigraphy of the Devonian of Central and Southern Europe, *Palaeogeography, Palaeoclimatology, Palaeoecology*, 240, 68–88.

16 原注：Erwin, D. H., 1994. The Permo-Triassic extinction. *Nature*, 367, 231–236, doi:10.1038/367231a0.

17 原注：Schoene, B., et al., 2010. Correlating the end-Triassic mass extinction with flood basalt volcanism at the 100,000 year level. *Geology*, 38, 387–390. doi:10.1130/G30683.1.

18 原注：Tipple, B., et al., 2011. Coupled high-resolution marine and terrestrial records of carbon and hydrologic cycles variations during the Paleocene-Eocene Thermal Maximum (PETM). *Earth and Planetary Science Letters*, 311, 82–92. doi:10.1016/j.epsl.2011.08.045.

19 原注：Friedli, D., et al., 1986. Ice core record of the ¹³C/¹²C ratio of atmospheric CO2 in the last two centuries. *Nature*, 324, 237–238.

地質學家的記時錄：從山脈、大氣的悠遠演變，思索氣候變遷與地球的
未來／瑪希婭·貝約內魯（Marcia Bjornerud）著；林佩蓉譯. -- 初版. --
臺北市：商周出版：家庭傳媒城邦分公司發行，2020.03
　面；　公分. -- （科學新視野；160）
譯自：Timefulness: how thinking like a geologist can help save the world
ISBN 978-986-477-808-9(平裝)

1.地質學 2.人類生態學 3.全球氣候變遷

350   109002133

科學新視野 160

地質學家的記時錄：從山脈、大氣的悠遠演變，思索氣候變遷與地球的未來

作　　　者／瑪希婭·貝約內魯（Marcia Bjornerud）
譯　　　者／林佩蓉
企 劃 選 書／羅珮芳
責 任 編 輯／羅珮芳
版　　　權／黃淑敏、吳亭儀、邱珮芸
行 銷 業 務／周佑潔、黃崇華、張媖茜
總 編 輯／黃靖卉
總 經 理／彭之琬
事業群總經理／黃淑貞
發 行 人／何飛鵬
法 律 顧 問／元禾法律事務所 王子文律師
出　　　版／商周出版
　　　　　　台北市104民生東路二段141號9樓
　　　　　　電話：(02) 25007008　傳真：(02)25007759
　　　　　　E-mail:bwp.service@cite.com.tw
發　　　行／英屬蓋曼群島商家庭傳媒股份有限公司城邦分公司
　　　　　　台北市中山區民生東路二段141號2樓
　　　　　　書虫客服服務專線：02-25007718、02-25007719
　　　　　　24小時傳真服務：02-25001990、02-25001991
　　　　　　服務時間：週一至週五上午09:30-12:00；下午13:30-17:00
　　　　　　劃撥帳號：19863813；戶名：書虫股份有限公司
　　　　　　讀者服務信箱E-mail：service@readingclub.com.tw
　　　　　　城邦讀書花園：www.cite.com.tw
香港發行所／城邦（香港）出版集團有限公司
　　　　　　香港灣仔駱克道193號東超商業中心1F；E-mail：hkcite@biznetvigator.com
　　　　　　電話：(852)25086231 傳真：(852)25789337
馬新發行所／城邦（馬新）出版集團【Cite (M) Sdn Bhd】
　　　　　　41, Jalan Radin Anum, Bandar Baru Sri Petaling,
　　　　　　57000 Kuala Lumpur, Malaysia.
　　　　　　電話：(603) 90578822 傳真：(603) 90576622
　　　　　　Email: cite@cite.com.my

封 面 設 計／日央設計
內 頁 排 版／陳健美
印　　　刷／韋懋印刷事業有限公司
經　　　銷／聯合發行股份有限公司
　　　　　　地址：新北市231新店區寶橋路235巷6弄6號2樓
　　　　　　電話：(02)2917-8022　傳真：(02)2911-0053

■2020年3月30日初版
■2021年6月10日初版2.1刷   Printed in Taiwan
定價400元

城邦讀書花園
www.cite.com.tw

廣　告　回　函
北區郵政管理登記證
北臺字第000791號
郵資已付，免貼郵票

104　台北市民生東路二段141號2樓

英屬蓋曼群島商家庭傳媒股份有限公司城邦分公司　收

請沿虛線對摺，謝謝！

書號：BU0160　　　書名：地質學家的記時錄　　　編碼：

 商周出版

讀者回函卡

感謝您購買我們出版的書籍！請費心填寫此回函卡，我們將不定期寄上城邦集團最新的出版訊息。

不定期好禮相贈！
立即加入：商周出
Facebook 粉絲團

姓名：_____ 性別：□男 □女

生日：西元_____年_____月_____日

地址：_____

聯絡電話：_____ 傳真：_____

E-mail ：

學歷：□ 1. 小學 □ 2. 國中 □ 3. 高中 □ 4. 大學 □ 5. 研究所以上

職業：□ 1. 學生 □ 2. 軍公教 □ 3. 服務 □ 4. 金融 □ 5. 製造 □ 6. 資訊

　　　□ 7. 傳播 □ 8. 自由業 □ 9. 農漁牧 □ 10. 家管 □ 11. 退休

　　　□ 12. 其他_____

您從何種方式得知本書消息？

　　　□ 1. 書店 □ 2. 網路 □ 3. 報紙 □ 4. 雜誌 □ 5. 廣播 □ 6. 電視

　　　□ 7. 親友推薦 □ 8. 其他_____

您通常以何種方式購書？

　　　□ 1. 書店 □ 2. 網路 □ 3. 傳真訂購 □ 4. 郵局劃撥 □ 5. 其他_____

您喜歡閱讀那些類別的書籍？

　　　□ 1. 財經商業 □ 2. 自然科學 □ 3. 歷史 □ 4. 法律 □ 5. 文學

　　　□ 6. 休閒旅遊 □ 7. 小說 □ 8. 人物傳記 □ 9. 生活、勵志 □ 10. 其他

對我們的建議：_____

_____

_____